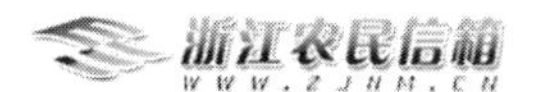

NONG MIN X

掌上农民信箱使用指南

浙江省农民信箱管理办公室 组编

中国农业科学技术出版社

图书在版编目(CIP)数据

掌上“农民信箱”使用指南/浙江省农民信箱管理办公室组编.— 北京：中国农业科学技术出版社，2015.10

ISBN 978-7-5116-2289-1

Ⅰ.①掌… Ⅱ.①浙… Ⅲ.①信息技术-应用-农业-指南 Ⅳ.①S126-62

中国版本图书馆CIP数据核字(2015)第230061号

责任编辑 闫庆健 张敏洁
责任校对 贾海霞

出 版 者 中国农业科学技术出版社
　　　　 北京市中关村南大街12号 邮编：100081
电　　话 (010) 82106632（编辑室） (010) 82109702（发行部）
　　　　 (010) 82109709（读者服务部）
传　　真 (010) 82106625
网　　址 http://www.castp.cn
经 销 者 各地新华书店
印 刷 者 北京富泰印刷有限责任公司
开　　本 850mm×1168mm 1/32
印　　张 3.5
字　　数 90千字
版　　次 2015年10月第1版 2015年10月第1次印刷
定　　价 12.00元

序

党的“十八大”报告明确指出：“坚持走中国特色新型工业化、信息化、城镇化、农业现代化道路，推动信息化和工业化深度融合、工业化和城镇化良性互动、城镇化和农业现代化相互协调，促进工业化、信息化、城镇化、农业现代化同步发展。”信息化是当今世界发展的大趋势，是推动经济社会变革的重要力量，信息化发展水平已成为衡量现代化程度的重要标志。没有农业的信息化，就没有农业的现代化，农业信息化对于推进“四化同步”、发展现代农业意义深远，影响重大。信息技术的迅速发展及全面渗透为我国农业发展提供了新机遇。

浙江省委、省政府一直以来将农业信息化作为“三农”工作的重要内容，切实加强了建设。早在2005年就在全国首创、实施了“百万农民信箱工程”，建立起面向“三农”、集电子政务与商务、农技服务、办公交流于一体的公共服务信息平台——“浙江农民信箱”。经过10年的建设与发展，浙江农民信箱系统已建成以“云平台”为支撑，以浙江农民信箱 V3.0电脑版、“掌中宝农民信箱”手机版为终端，汇聚了276万真姓实名注册用户，其中普通农民用户184万户，各类涉农企业、合作社等农业经济主体用户17万户，涉农科技、管理、服务人员32万人；日点击量超200万次；年均发送信件9亿封、短信6亿条次；累计发送“每日一助”农产品供求服务短信7.4万余条；建立万村联网新农村网站26 457个，占全省行政村总数的90%以上；同时建立起覆盖全省、横向到边、纵向到底的农民信箱联络体系，构建起农民的网上社会，从而有效地推进了信息资源共享和信息进村入户，促进了农产品产销对接，提升了防灾抗灾预警能力，加强了各级政府与农民群众沟通，成为浙江省农业信息化发展的重要抓手，也是全国农业信息化建设的一个重要标志。值得指出的是，根据农民实际服务需求，浙江农民信箱系统已于2015年初完成了第三版升级改造，并投入实际使用，受到了各方好评，也为浙江农民信箱建立10周年献上了一份厚礼，为再创辉煌奠定了扎实基础。

下一阶段，浙江省将根据“干在实处永无止境、走在前列要谋新篇”的遵循要领，以浙江农民信箱系统打造成全省农业农村信息化主入口为建设目标。按照“吸引用户、服务客户”的建设主旨，以国家农村信息化科技示范省和全国信息进村入户试点省两项建设为载体，紧扣农民信息服务需求，不断拓展服务领域，完善服务功能。为创新服务模式，应用新的服务手段，要加强农民信息化培训，强化农民信息化意识，全面提升系统精准服务效能。今后要努力提高农业信息应用水平，为支撑和引领农业转型升级，为现代农业发展和农民增收，再作新贡献。

浙江省农业厅党组成员、副厅长　　王建跃

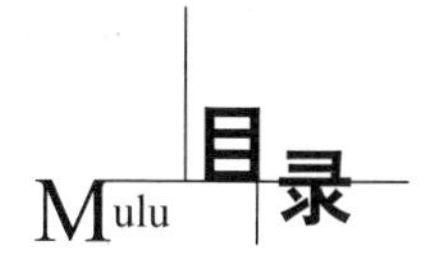

第一部分　掌上“农民信箱”

第二部分　产业技术团队平台和农技通

第一部分　掌上“农民信箱”

一、功能简介

掌上“农民信箱”是基于浙江“农民信箱”平台，为全省200多万农民用户、全省农业专家、各级农技管理员提供通过手机了解政策和技术信息、发布买卖信息、提供技术咨询、问题交流、信息分享等服务，让农技专家与农民兄弟更紧密联系，促进农业生产和管理。

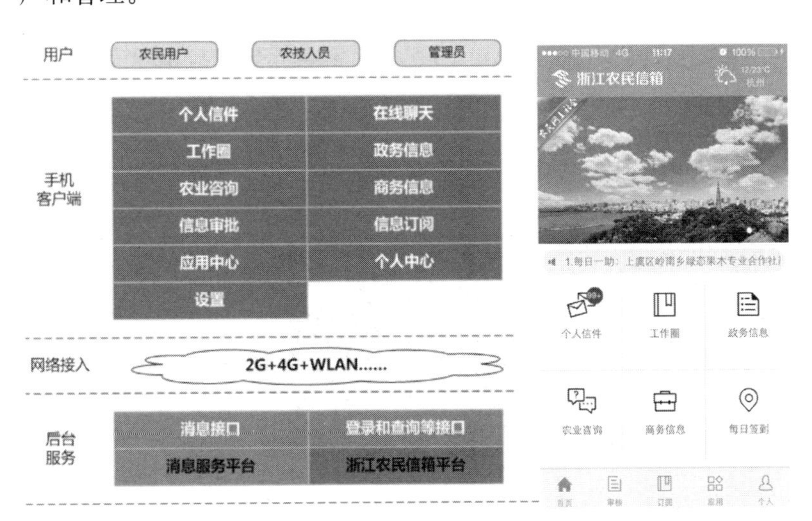

主要业务功能如下。

(1)个人信件：收邮件，阅读邮件和附件，回复和转发邮件，发送新邮件等。

(2)工作圈：记录和分享个人工作日志，查阅他人日志。

(3)政务信息：各类政务信息查阅。

(4)农业咨询：咨询问答，产业团队，农技知识库。

(5)商务信息：买卖信息，每日一助。

(6)信息审核：政务信息审核，买卖信息审核。

(7)订阅：修改和查看订阅设置。

(8)应用中心：查看和打开相关农业应，查看和下载打开推荐医用。

(9)签到：签到送积分。

(10)个人中心：个人信息，密码修改，意见反馈，设置。

二、开始使用

(一)下载安装

掌上农民信息提供 Android、ios 两种系统的应用程序。

下载地址：http://www.zjnm.cn/app/down.html。

扫描二维码下载：

在农民信息网站首页扫二维码下载：

（二）应用名称

APP 下载安装后，在手机上的名称是：浙江"农民信箱"。

在手机上展示的图标是：

（三）账户登录

打开应用后，将出现如下图的登录界面。

(1) 在账号输入框（输入框中显示"账号"）输入浙江农民信息的账户（与"农民信息网站"的登录账户密码一致）。

(2)在密码输入框输入登录密码。

(3)触点“登录”按钮，如果账户密码正确即可登录进入到APP首页，如果账户密码错误，将会出现提示框说明。

(4)登录前勾选“记住密码”，在下次打开APP时，将自动在账号、密码框填入上次登录的账号和密码。

(5)如果忘记登录密码，可以触点蓝色字体的“忘记密码”找回密码，具体操作详见“找回密码”章节。

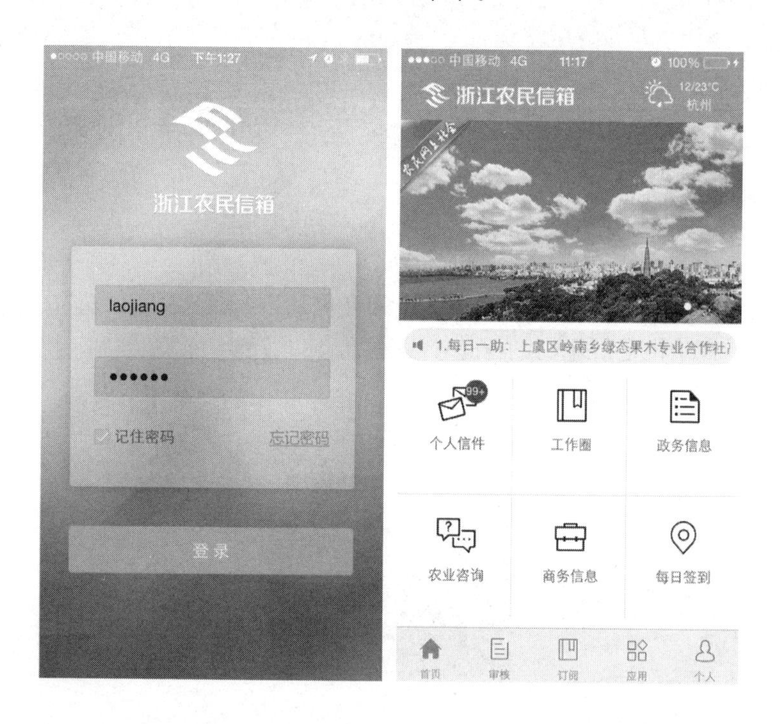

(四)找回密码

用户如忘记密码，可以通过“找回密码”功能获取登录密码：

(1)输入登录账户、注册的手机号码，提交后台后取回密码。

(2)新密码将发送到登录账户绑定的手机号码上。

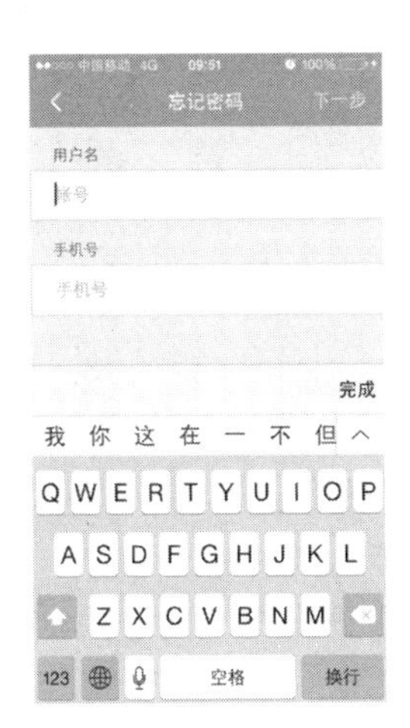

（五）修改密码

用户登录后，可以对自己账户的密码进行修改。

(1) 用户登录后才能修改密码。

(2) 修改密码前，需输入当前使用的密码。

(3) 输入新密码(需要输入两次新密码，两次密码必须一致)，提交后由后台完成密码修改。

三、首　页

首页主要提供各业务功能的入口和展示部分信息，整体布局包括：顶部的图片新闻、中间功能区域、底部菜单区域。功能区域采用宫格布局，主要包括：个人信件、在线聊天、工作圈、政务信息、农业咨询、商务信息等业务功能；后续新增业务可以继续往下增加(可以上下拖动)。

(1)通知：轮播图下方根据个人登录信息展示一条重要的“每日一助”或通知信息。

(2)审批：针对管理员提供的信息审核功能区域，目前包括：政务信息、买卖信息的审核(只展示未审核的信息)。

(3)订阅：信息订阅设置，查看订阅信息。

(4)应用：“农民信箱”相关的网站或APP应用，推荐的其他生活服务应用(移动提供)。

(5)个人：个人登录信息，密码管理，反馈意见等。

四、信息审核

信息审核功能包括政务信息、买卖信息两部分信息的审核，只有具有权限的管理员可以在首页底部菜单看到审核入口和对信息进行审核操作。

(一)信息审核列表

管理员用户登录系统，在首页底部能看到审核菜单，触点首

页底部菜单“审核”入口后，进入审核列表页面。

(1) 信息审核列表：展示待审核的信息清单，展示信息标题、分类、提交人、提交日期等信息。

(2) 信息类型切换：通过触点页面顶部带有下拉箭头的文字(如“公共政务”)切换信息类型，点击后出现下拉菜单进行选择。

(3) 查询信息：能够按照被审核信息标题进行模糊查询。

(二) 单个信息审核

查看和审批：触点某一条待审核信息，展示详细待审核信息内容，在阅读详细信息后，可进行审核通过或删除操作。

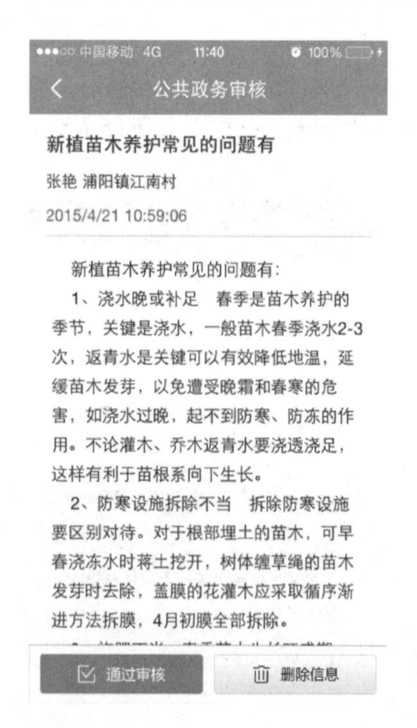

(三) 批量信息审核

批量操作：在审核列表顶部触点“批量审核”文字，可以对列表中的待审核信息进行批量选择后进行批量审核通过或批量删除操作。

五、订阅设置

实现手机上对各类信息订阅设置进行管理的功能，所有用户都有此功能，在首页触点进入。

进入订阅页面后，展示当前订阅设置情况，目前订阅设置包括四类信息订阅：“每日一助”信息服务的订阅，天气预报信息服务的订阅，农技服务信息服务的订阅，买卖信息服务的订阅。

（1）订阅信息设置页面底部已提供详细的订阅、退订说明。

（2）全选设置：在订阅选项顶部已提供全选勾选框，勾选后可将四类信息订阅全部选中（包括每类信息订阅选项的明细选项都全部选中）。

（3）单类信息订阅全选：在每类信息订阅选项的前面都有一个勾选框，勾选将该类信息订阅选项栏的明细选项则可全部选中。

（4）信息订阅明细项设置：触点某类信息订阅选项，进入对应的详细选项设置页面，可以分类对详细明细选项进行点选，也可以每个分类都选；完成点选后，触点页面右上角“确定”文字，保存该类选项设置，触点左上角“返回”文字，则取消点选设置。

（5）订阅设置确定：触点“订阅信息”按钮，即可确定当前选择的信息订阅选项设置；如果取消，则不需要触点任何按钮，切

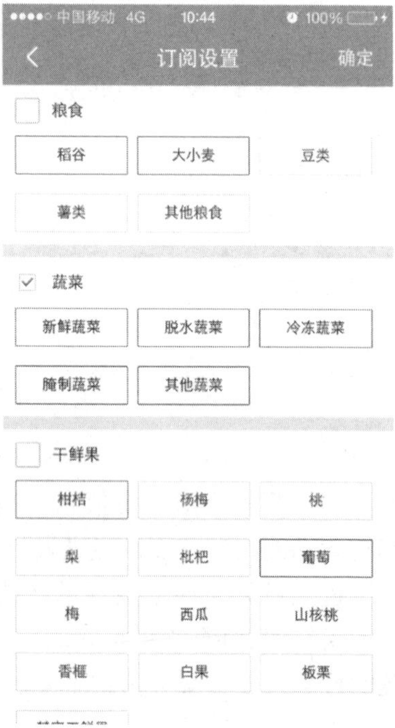

换到其他菜单即可。

(6) 取消订阅：触点“取消订阅”按钮，将取消所有订阅设置，将不再收到任何订阅信息。

六、个人信件

实现手机上接收、阅读邮件，回复、发送新建邮件功能，所有用户都有“个人信件”功能，在首页可触点进入。

(一) 邮件列表

默认展示收件邮件列表，邮件列表分为三类：收件箱，发件箱，收藏夹。通过顶部触点进行切换。

(1) 收件邮件列表是按照时间倒序展示已收邮件列表，标识附件。

(2) 未读邮件和已读邮件通过图标和文字颜色进行区分。

(3) 邮件搜索：触点邮件列表顶部的搜索框，可以按照邮件标题进行模糊搜索。

(4) 发送新邮件入口：触点右上角“新建邮件”图标（“ ”）进入新建邮件入口。

（二）新建邮件

在邮件列表顶部提供新建邮件触点，能够在手机上编辑并发送邮件。

(1)添加联系人：在新建邮件页面，触点收件人右侧的“+”按钮，可以从“常用联系人”“个人通讯录”“区域通讯录”中选择收件人；“常用联系人”直接从列表选择，“个人通讯录”按照分组进行选择，“区域通讯录”按照组织机构分级选择。

(2)编辑邮件内容：触点主题区域，即可输入主题内容；触点文字“输入邮件内容”区域，即可输入邮件正文。

(3)设置自动发送：触点“时间”区域，选择发送时间即可。

(4)短信通知：勾选“短信通知”即可。

(5)上传附件：触点“上传附件”按钮（“📎”），可以从手机拍照上传、照片上传、选择文件上传，但iOS（苹果手机）只支持拍照和照片上传。

(6)发送邮件：在选择收件人、输入邮件主题等信息后，触点右上角“发送”即可发出邮件；如果收件人、邮件主题没有输入，则不能发送。

（三）阅读邮件

触点邮件列表中某一条邮件，能够在手机上打开邮件内容进行阅读，并展示附件清单。

(1) 下载打开附件：由手机系统提供支持，目前支持手机阅读 OFFICE、PDF 附件。

(2) 邮件快速切换：触点右上角“上下切换”图标（“ ”）提供上一封、下一封邮件的快速切换。

(3) 功能入口：在底部提供转发，回复，收藏，删除，新建邮件等操作。

（四）回复邮件

在阅读邮件内容后，触点底部箭头图标，可弹出“回复”“全部回复”“转发”选择菜单。

(1) 选择“回复”：在手机上回复邮件，默认加载原邮件发件人为收件人，保留原邮件内容。可以另外增加收件人，修改邮件标题，增加邮件内容，增加附件等。

(2) 选择“全部回复”：则回复给原邮件的发件人和其他收件

人，某人可以将原邮件发件人和其他收件人为收件人。

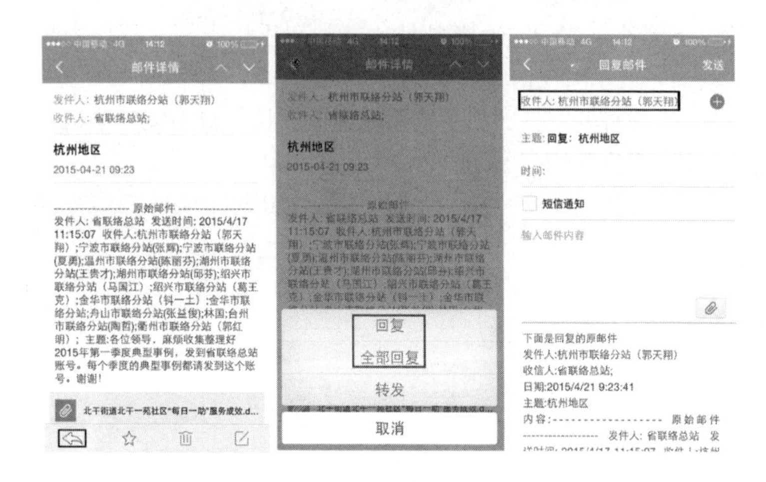

（五）转发邮件

在阅读邮件内容后，触点底部箭头图标“补缺”，弹出“回复”“全部回复”“转发”选择菜单。

选择“转发”菜单，则在手机上转发邮件，将原邮件内容、附件，转发给其他联系人。默认将原邮件的标题、内容、附件作为

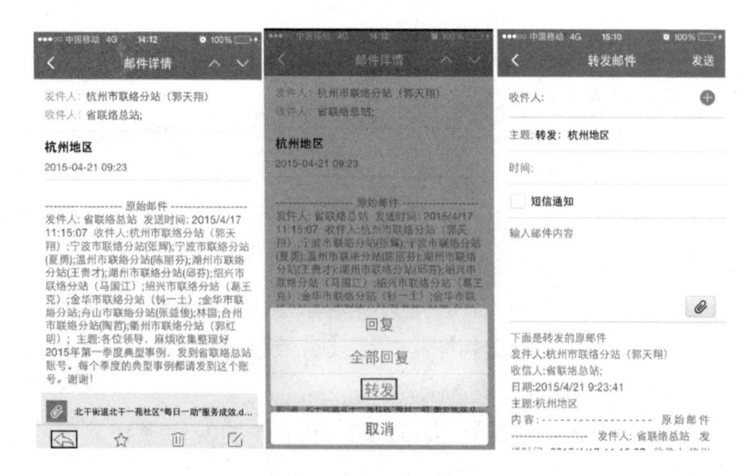

新邮件的标题、内容、附件，但允许修改邮件标题，增加邮件内容，修改附件。

（六）收藏、删除邮件

在阅读邮件后，可以在手机上收藏、删除当前邮件。

（1）收藏邮件：触点底部“空心星形”按钮，即可收藏邮件，收藏后星形变成蓝色实心星形按钮，收藏的邮件将出现在“收藏夹”列表中；再次触点实心星形按钮，则取消收藏。

（2）删除邮件：触点底部“垃圾桶”按钮，则提示“是否删除邮件”，选择“是”，则删除邮件。

七、工作圈

可实现手机上发布和阅读工作圈内容的功能，所有用户都有“工作圈”功能，在首页触点进入。

（一）工作圈列表

工作圈列表：展示用户有权限查看的工作日志列表，自己发布的日志，其他人开放的日志。

（1）展示每条工作日志的发布人，发布时间，简要内容，缩略图。

(2) 展示每条工作日志的回复和点赞数量。

（二）查看工作日志

触点日志列表可查看工作日志详细内容，日志内容采用图文结合方式展示。

(1) 展示日志内容：发布人，发布时间，完整的日志内容，所有图片的缩略图。

(2)查看图片：点击图片缩略图，可以以大图形式查看。

(3)查看回复，展示所有回复内容：回复人，回复时间，回复的内容。

(4)提供回复日志的入口。

(三)回复工作日志

在查看日志时，触点底部“写评论”输入框，即可输入回复内容，发布评论。

（四）发布工作日志

在日志列表页面，触点右上角“新建日志”图标（“ ”），进入写日志页面，每个用户都可以发布工作日志。

(1)设置可见范围：日志发布范围默认是个人通讯录范围，可以在个人通讯录中选择部分联系人，也可以设置为私密(仅自己可见)，触点“谁可以看”可以选择个人通讯录“可见”“部分可

见”“私密”；选个人通讯录“可见”，则个人通讯录中所有内容都可以看到；选择“部分可见”，则弹出个人通讯录联系人清单，从清单中选择可以查看的人员（可多选）；选择“私密”，则只有自己

可以看，其他人都不可看见。

(2)编写日志：日志内容支持文字编辑，触点“输入工作圈内容”区域即可编辑日志内容。

(3)上传照片：触点底部的上传照片图标，可以上传照片或拍照上传。

八、政务信息

实现手机上政务信息的查询、查阅功能，所有用户都有政务信息功能，在首页触点进入。

(一)政务信息清单

支持多栏目列表，默认展示第一个栏目列表。

(1) 栏目选择：顶部栏目可以左右滑动展示更多的栏目，触点某个栏目文字即切换该栏目的列表。

(2) 列表中展示信息的标题，发布单位，发布人，发布时间等。

（二）查看政务信息详情

触点政务信息清单中某一条信息，能够在手机上展示政务信息详细内容。

(1) 政务信息详情包含标题，发布单位，发布人，发布时间，信息内容(包括图片和文字)。

(2) 支持文字大小选择，能够选择信息内容显示字体的大小。

市农办副主任方丽娟赴新埭调研指导美丽乡村建设项目

平湖市联络支站
平湖市农村经济信息中心
2015/3/12 13:37:42

为加快启动实施2015年美丽乡村建设项目，3月11日下午，市农办副主任方丽娟率相关责任科室赴新埭镇，就精品线节点建设和连线成片区块创建工作开展调研指导，镇领导李东陪同调研。 方丽娟副主任一行先后踏看了大齐塘村、泖河村、姚浜村、星光村和鱼圻塘村等项目节点，并认真听取了村负责人关于项目建设的情况介绍。就下一步工作，方丽娟副主任要求：要因地制宜，制定切实有效的实施方案，扎实有序推进创建工作。要加大力度，抓紧落实各项项目建设，满足农民群众生产生活需要。要确保质量，根据现有薄弱环节开展综合整治，努力打造特色亮

九、农业咨询

可实现手机上向农业专家、产业团队咨询，查阅农技知识库的功能，所有用户都有此功能，在首页触点进入。包括三个模块：咨询管理、产业团队、农技知识库。

（一）咨询管理

进入农业咨询页面后，触点“咨询管理”条目进入，项目包括对农技专家发起提问，查看我的提问，查看所有提问以及专家对问题的回复或其他用户对问题的回复。

1. 咨询问题列表

默认展示所有咨询问题列表，包括自己的提问和其他人的提问。

(1) 问题列表：支持翻页，展示问题标题，问题分类，发布时间，回答次数，浏览次数。

(2) 问题搜索：触点问题列表顶部的搜索框，可按照提问标题的关键字进行模糊查询。

(3) 问题筛选：触点右上角“筛选”（“▦”）图标，进入筛选页面，可以按照问题的类型进行选择过滤（只允许单选）。

2. 我的提问

在咨询问题列表触点右上角“我的提问”（“👤”）图标，切换到“我的提问”列表。

3. 查看问题

在咨询问题列表触点某条提问，则进入提问详情页面，可以查看提问的详细内容。

(1) 提问内容展示：展示提问标题，问题详细描述，提问时间，提问人，问题类型，问题状态等。

(2) 展示热门回答：在问题描述的下方展示所有热门的回答，

回答内容包括回复人，回答时间，回答内容等信息。

(3) 对回答点赞：可以在某个专家的回答上对该回答点赞，触点专家名字右侧的“点赞”（“👍”）图标。

(4) 在问题底部提供回答问题入口。

4. 发起提问

在咨询问题列表触点底部“发起咨询”按钮，进入问题起草页面，可以编辑问题进行提问。

(1) 选择问题类型：触点“选择分类”，进入咨询分类页面，选择一个分类，触点页面右上角“确定”文字完成选择（只能单选）；按顶部左侧返回图标，则不改变选择。

(2) 输入问题内容：触点“输入需要咨询的问题”区域，即可输入问题描述。

(3) 发布问题：触点右上角“发布”文字，弹出选择提示框，选择是否专家回答后短信通知，是否匿名提问(可多选)，选择后确定及发布问题。

(二)产业团队

进入农业咨询页面后，触点“产业团队”条目进入，包括查看产业团队专家，对产业团队发起提问，查看我的提问和所有提问以及专家对问题的回复或其他用户对问题回复。

1. 技术团队

进入“产业团队”后，默认展示“技术团队”列表，通过列表查看技术专家组成和信息。

(1) 技术团队列表：展示各产业技术团队的名称。

(2) 技术团队成员列表：触点某一条产业技术团队，可以查看技术团队中的技术专家组成：组长，首席专家，专家，职称等信息。可以触点专家列表右侧的问号图标“?”直接向专家发起提问。

(3) 专家信息：触点某一个专家，可以查看专家的详细信息：专家姓名、专业、职称、所在单位、照片、简介等信息，以及该专家在“农民信箱”发表文章数量，文章点击数，回答问题数量，解决问题数量等信息；可以触点底部“向他提问”按钮发起提问。

2. 发起提问

在技术团队、问题总览页面右上角触点“我要提问”（“ ”）图标，或者在技术团队成员列表页面、专家详情页面触点相应图标或按钮，进入问题起草页面，可以编辑问题进行提问。

（1）选择专家：第一步，触点“选择分类”，进入选择分类页面，选择一个类型产业团队；第二步，触点 “选择品种”，进入选择品种页面，在已选产业团队的品种清单中选择一个品种分组；第三步，触点“指定技术专家”，进入选择专家页面，在已选产业团队已选品种的专家列表中选择一个专家。

（2）输入问题内容：触点“输入需要咨询的问题”区域，即可输入问题描述。

（3）发布问题：触点右上角“发布”，弹出选择提示框，选择是否专家回答后短信通知、是否匿名提问（可多选），选择后确定及发布问题。

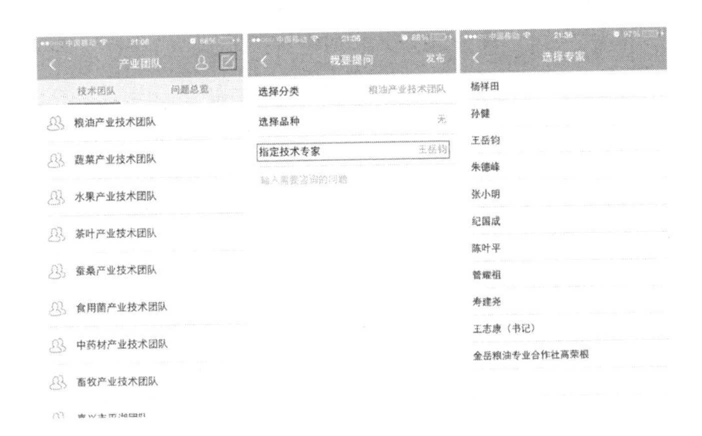

3. 问题总览

在产业团队页面，触点列表顶部的“问题总览”栏目切换到问题总览列表，展示所有咨询问题列表，包括自己的提问和其他人的提问。

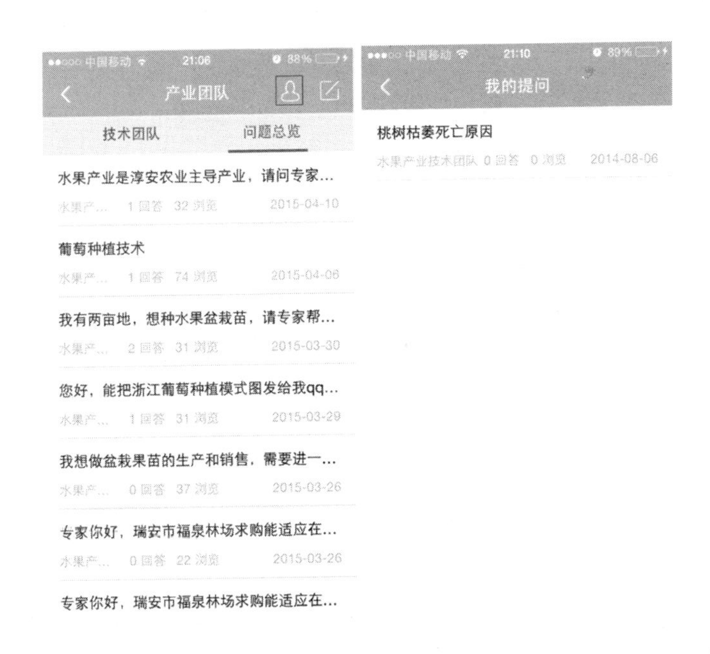

(1)问题列表：支持翻页，展示问题标题，产业分类，发布时间，回答次数，浏览次数。

(2)在“问题总览”页面触点右上角“我的提问”(“👤”)图标，切换到“我的提问”列表。

4. 查看问题

在“问题总览”列表触点某条提问，进入提问详情页面，可以查看提问的详细内容。

(1)提问内容展示：展示提问标题，问题详细描述，提问时间，提问人，产业分类，问题状态等。

(2)展示热门回答：在问题描述的下方展示所有热门的回答，回答内容包括回复人，回答时间，回答内容等信息。

(3)对回答点赞：可以在某个专家的回答上对该回答点赞，触点专家名字右侧的“点赞”(“👍”)图标。

(4)在问题底部提供回答问题入口。

（三）农技知识库

进入农业咨询页面后，触点“农技知识库”条目进入，查看和筛选农技知识列表，查看农技知识详细内容。

1. 农技知识库列表

进入农技知识库，首先展示“农技知识”列表，通过列表查看具体内容。

(1) 问题列表：支持翻页，展示知识标题，知识分类，发布时间。在列表顶部展示已选筛选条件。

(2) 问题筛选：触点右上角“问题筛选”（“▦”）图标，进入筛选页面，可以按照知识的类型、类别、分类分级进行筛选（只允许单选）；知识类别可选项较多，默认情况只展示12个选项，如要查看全部选项，需触点类别选项区域底部的“展开全部”文字，即可向下展开剩余类别。

2. 查看农技知识内容

触点“农技知识”清单中某一条知识，能够在手机上展示农技知识详细内容。农技知识内容包含标题，发布人，发布时间，信息内容(包括图片和文字)。

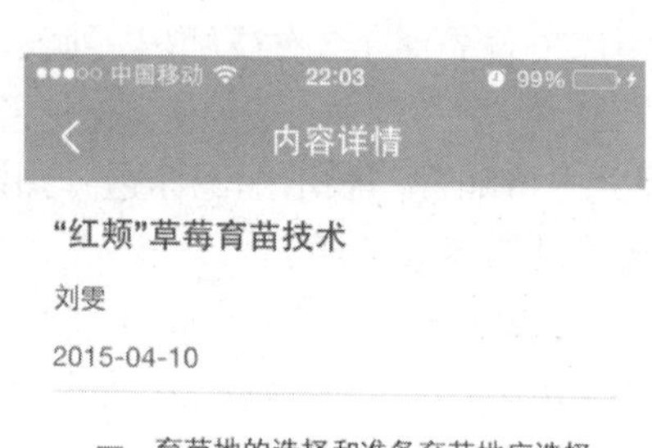

“红颊”草莓育苗技术

刘雯

2015-04-10

一、育苗地的选择和准备育苗地应选择土壤疏松肥沃，排灌方便，未种植过草莓的地块，以远离草莓生产园地的山间谷地育苗最为理想，曾繁育过草莓苗的地块必须先进行土壤消毒处理，避免选择前茬用了残留量大除草剂的地块。苗地块选好后，施足基肥，要求每亩施有机肥1000公斤或生物有机肥200公斤，并加施25公斤含量为45%氮、磷、钾三元素复合肥，然后翻耕、整地、做畦，畦面宽1.2～1.5米，苗地四周开深沟，方便排灌，畦沟相连，要求排水通畅，雨停后不积水。整畦结束时，亩用45%二甲戊乐灵（田普）微胶囊剂100～150毫升或50%丁草胺乳油300倍液兑水45-60公斤，在畦面均匀喷施

十、商务信息

实现手机上发布买卖信息，查阅买卖信息，“每日一助”的功能，所有用户都有此功能。在首页触点进入，包括两个模块：买卖信息，“每日一助”。

（一）买卖信息

进入商务信息页面后，触点“买卖信息”条目进入，包括查看买进信息、卖出信息，发布买卖信息。

1. 买卖信息列表

进入买卖信息功能后，按照买进、卖出分类展示买卖信息，默认展示买进信息列表。

(1) 买进卖出列表切换：触点列表顶部的栏目，选择“买进”“卖出”两个栏目中的一个，切换不同的列表。

(2) 列表展示内容：买进、卖出列表展示买进信息标题，发布人，发布时间；列表上拉到底部时，继续上拉，如果后面还有内容，将会自动翻页。

(3) 列表搜索：提供组合条件搜索，触点列表页面右上角“搜索”（“🔍”）图标，进入搜索页面，通过设置搜索内容（标题关键

字)，商品类别，地区，买进或卖出等条件进行综合搜索。

(4)列表筛选：按照机构、地区筛选，触点列表页面右上角“筛选”(“”)图标，进入筛选页面，通过选择机构或地市进行筛选。

(5)发布信息入口：在页面底部提供明显的发布买卖信息入口。

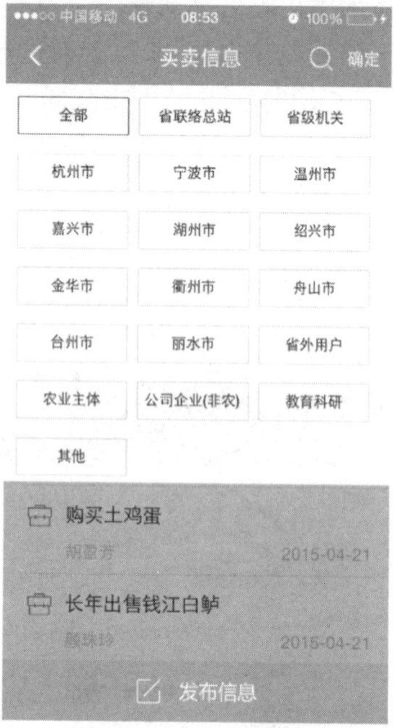

2. 查看买卖信息

在“买卖信息”列表触点某条信息，进入买卖信息详情页面，可以查看买卖信息的详细内容。

(1)买卖信息内容展示：展示买卖信息标题，发布时间，发布人，类别，数量，价格，交易时间，联系人，联系电话(固定、移动)，买卖信息详细描述等，以及相关附件。

(2)查看附件：下载打开附件，由手机系统提供支持，目前支持手机阅读OFFICE、PDF附件。

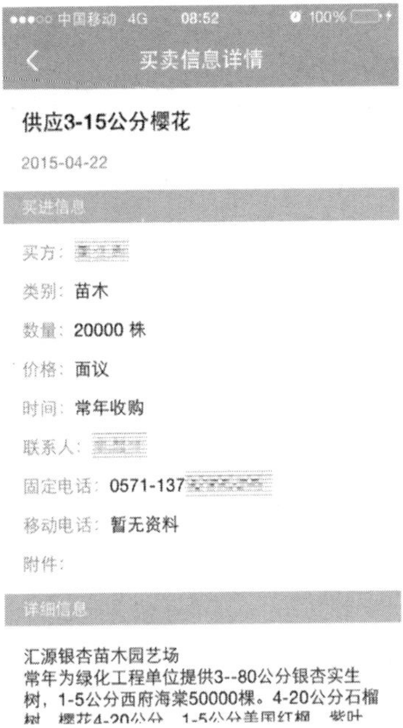
中国移动 4G 08:52 100%
买卖信息详情
供应3-15公分樱花
2015-04-22
买进信息
买方：
类别：苗木
数量：20000 株
价格：面议
时间：常年收购
联系人：
固定电话：0571-137
移动电话：暂无资料
附件：
详细信息
汇源银杏苗木园艺场
常年为绿化工程单位提供3--80公分银杏实生树，1-5公分西府海棠50000棵。4-20公分石榴

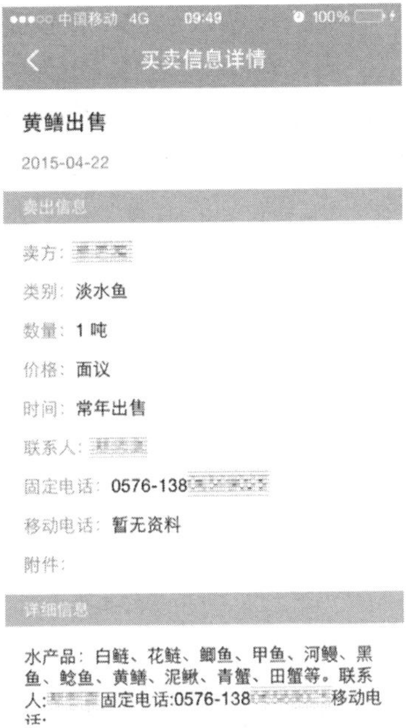
中国移动 4G 09:49 100%
买卖信息详情
黄鳝出售
2015-04-22
卖出信息
卖方：
类别：淡水鱼
数量：1 吨
价格：面议
时间：常年出售
联系人：
固定电话：0576-138
移动电话：暂无资料
附件：
详细信息
水产品：白鲢、花鲢、鲫鱼、甲鱼、河鳗、黑鱼、鲶鱼、黄鳝、泥鳅、青蟹、田蟹等。联系人:
固定电话:0576-138
移动电

3. 发布买卖信息

在“买卖信息”列表触点底部“发布信息”按钮，进入买卖信息起草页面，可以编辑买卖信息并发布。

(1) 填写信息标题：触点“信息标题”区域，填写买卖信息标题。

(2) 选择买卖方向：默认选择买进，根据实际情况选择买进、卖出。

(3) 选择货物类别：触点“货物类别”条目，进入货物类别选择页面；“货物类别”选择分两级类别选择，采用左右两栏模式展示，左侧栏目是选择一级类别，选择一级类别后，右侧栏则展示该一级类别下属的二级类别。触点右侧二级类别后，即完成货物类别选择，返回买卖信息起草页面。

(4) 输入收购数量：在“收购数量”区域输入，首先选择单位，提供千克、吨两种单位，默认是千克（根据实际情况选择）；选择好单位后，在“收购数量”后面的输入框输入具体数量。

（5）输入收购价格：在“收购价格”区域输入，提供单价，区间价，面议三种价格方式，默认选单价方式，价格单位采用：元／千克；如选择单价方式，则在收购价格第二行出现一个价格输入框，输入相应价格；如果选择区间价方式，则在收购价格第二行出现两个价格输入框，分别输入价格区间起始价格数值；如果选择面议方式，则收购价格第二行隐藏，不需输入价格数值。

（6）输入收购时间：在“收购时间”区域输入，提供季节性，常年两种方式时间选择；如选择季节性方式，则在收购时间第二行出现两个日期输入框，选择收购起止时间；如选择常年方式，则收购时间第二行隐藏，不需选择收购时间。

（7）输入有效期：触点“有效期”区域，选择有效期间，可以

●●●○○ 中国移动 4G 08:53 100%
发布买卖信息 发布
信息标题:
买卖方向: 买进 卖出
货物类别:
收购数量: 0 公斤 吨
收购价格: 单价 区间价 面议
0 元/公斤
收购时间: 季节性 常年
年-月-日 – 年-月-日
有效期:
收购地点:
联系人:

●●●○○ 中国移动 4G 08:53 100%
货物类别
粮食 稻谷
蔬菜 大小麦
干鲜果 豆类
竹木茶笋药 薯类
棉麻油糖丝 其他粮食
禽蛋奶
畜牧
水产品
农资
其它(用文字描述)

选择一个月、两个月、三个月、半年、一年。

(8) 输入收购地点：触点“收购地点”区域，输入收购地址，文本输入。

(9) 输入联系人信息：在“联系人”“固定电话”“移动电话”区域，分别输入相应信息。

(10) 输入货物说明：触点“请输入货物说明”文字及下方空白区域，输入详细的货物说明，如货物类型，规格，品类等详细的描述。

(11) 发布买卖信息：触点右上角“发布”，则发布买卖信息。

（二）“每日一助”

进入商务信息页面后，触点“每日一助”条目进入，查看“每日一助”信息。

(1)“每日一助”信息，采用卡片清单的方式展示，在一个页面直

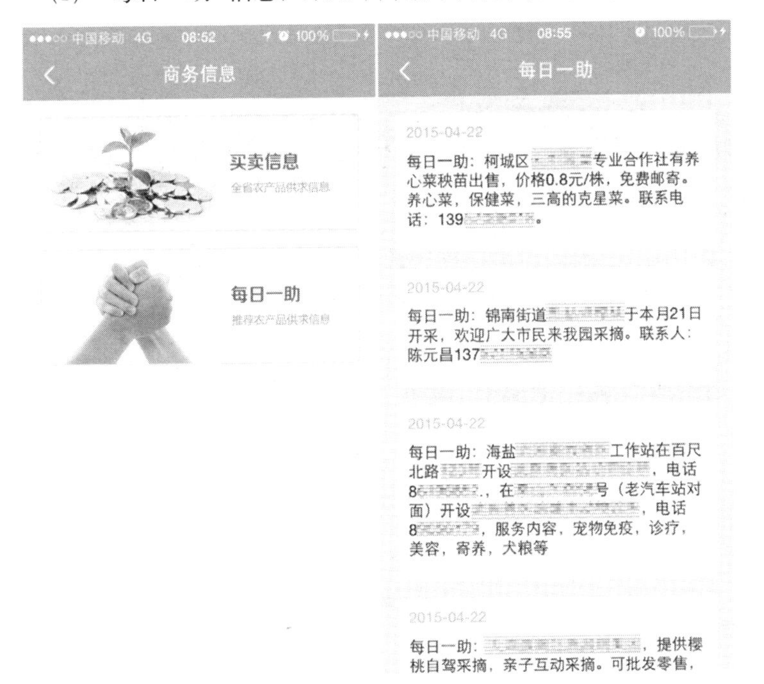

观展示。

(2)支持翻页：信息上拉到页面底部时继续上拉即可翻页。

(3)“每日一助”信息展示：在卡片中展示发布时间、“每日一助”信息。

十一、应用中心

应用中心包括“我的应用”，“推荐应用”，可以通过触点应用图标打开相应应用的网址。如果是 APP 应用，则可以打开下载页面进行下载该应用，如果手机已安装该应用，在 Android 手机可以直接打开应用。

(1)“我的应用”：包括“农民信箱”内外的优秀应用系统的网址链接，将来可以更换为 APP 下载链接。

(2)“推荐应用”：放置的是移动公司的热门业务，方便农民用户下载使用，包括：浙江预约挂号、移动流量管家、中国移动和新闻、阅读、浙江移动手机营业厅等。

十二、个人中心

个人中心主要展示个人信息，提供修改密码，反馈意见等操作；以及查看软件说明、版本更新、查看应用下载二维码等。

(1)个人信息展示：主要在个人中心页面上半部展示个人头像(与平台头像一致)以及姓名、所属机构、单位、地区等信息。

(2)意见反馈：用户可以通过该功能编写反馈意见，提交到平台。

(3)版本更新：可以通过此功能进行手动更新。

(4)二维码：可以展示掌上“农民信箱”APP的下载二维码，方便分享给其他用户扫码下载安装。

第二部分　产业技术团队平台农技通

一、概　述

浙江省产业技术创新与推广服务团队(以下简称产业技术团队)按照浙江省委省政府加快建设创新型省份和推进农业现代化发展的总体部署，衔接国家现代农业产业技术体系。依托现有责任农技制度，围绕支撑战略产业、主导产业转型升级和新兴产业培育发展。以团队建设为核心，以应用为导向，以建立与产业链相配套的技术链为目标。集聚农业科研教育推广及社会化农技服务优质资源，推进产学研协同、省市县联动、公共服务和社会化服务融合。着力构建网络化专家团队、项目化支撑引领、信息化管理服务、制度化规范运行的新型农技服务体系和运行机制。进一步优化农技服务，加快农业产业技术创新集成与推广应用。

根据浙江省农业战略产业、主导产业发展需要，以产业为主线，以产品为单元，省级组建粮油、蔬菜、水果、茶叶、蚕桑、食用菌、中药材、畜牧等产业技术团队，每个团队一般由10～15人组成，成员以省、市、县(市、区)科研、教学、推广单位专家为主，同时吸纳部分乡土专家等。团队实行双首席制，即由1名农业技术首席专家和1名产业科学家或学术带头人领衔，归口相关产业主管部门管理，并由相关负责人任组长、副组长。各市、县（市、区）根据当地主导产业发展需要分产业组建，全省形成多品种、全产业链的网络状的技术集成和推广应用技术服务体系。

产业技术团队平台提供了一个信息共享和交互的统一门户，主要为用户、各产业团队专家建立了一座及时沟通的桥梁。用户可以在此平台上查看或咨询一些农业相关的问题，通过联络员对问题审核，与专家取得联系，全方位地为用户解答疑难杂症。通过此平台上的“我来回答”“点赞”“采为满意答案”等功能，实现了问题的解答多元化，大大地提高了问题解决的效率。

二、使用说明

（一）用户使用规则

1. 如何登录产业技术团队平台？

（1）在浏览器地址栏输入域名：http://cytd.zjnm.cn/ask/AskIndex.aspx，出现以下页面。

（2）在右侧登录栏输入正确的用户名和密码，点击“登录”按钮，即可登录产业技术团队平台。

登录

用户名：jhxml

密 码：•••••••

取回密码　　登录

（3）点击“登录”按钮成功登录产业技术团队平台，会出现“个人中心”，其中包含用户姓名，用户身份以及所属单位，并且可以查看个人回答问题获得的赞数，所提问的问题数和回答问题数。

2. 如何查看产业技术团队？

无论用户是否登录产业技术团队平台，都有权利查看该平台下的产业技术团队。点击首页左侧栏“产业技术团队”下的任一团队，页面将跳到该产业技术团队的详细信息介绍。

产业技术团队

食用菌产业团队　【我要问】

粮油产业团队　【我要问】

蔬菜产业团队　【我要问】

水果产业团队　【我要问】

茶叶产业团队　【我要问】

蚕桑产业团队　【我要问】

中药材产业团队　【我要问】

畜牧产业团队　【我要问】

团队简介页面的左侧为团队专家成员；右侧包括该团队概况，团队动态，团队内的产业资讯，技术资料、最新提问和区域实验站(示范基地)，如下图所示。

3. 如何查看问题并点赞？

查看问题的方式有以下两种。

(1) 用户在首页的中间位置可以查看到“最新提问”与“点赞最多”导航栏，用户无需登录也可点击查看该导航栏下最新发布的提问或者用户点赞最多的提问，如下图所示。

(2) 点击首页中间位置右上角的“更多 >>”，页面将跳转至“问题总览”页面(也就是第二种查看问题的途径：可以点击导航栏上的“问题总览”)，如下图所示。

若需要找某一产业技术团队的问题，可以选择产业技术团队后，点击“搜索”便可查看。若要定位某一具体问题，也可输入标题中的关键字，点击“搜索”便可进行模糊查询，查看到与输入关键字相关的问题。

回答问题　　当前位置：首页>问题总览>内容

水稻种植过程中如何防范害虫侵蚀？

提问人：[illegible] 分类：粮油产业 提问时间：2014-04-09 08:46:57 浏览：26次

哪种农药比较合适？

吴靖琳(软件工程师) 林业技术人员(已回答：8已解决：0)　　回答时间：2014.4.9 9:21:48

七月正值高温期，且大面积水稻已陆续抽穗扬花，加强水肥管理和病虫害防治为近期重点：

1、适当增加田间水层。有条件的地方田间应适当增加水层，以降低水稻生长小环境的温度，减少高温对结实的影响。

2、及时施用粒肥。长势差的稻田于晴天下午亩施尿素3～5公斤作粒肥，有效提高结实率和籽粒重，同时配合喷施壮穗灵能强化农作物生理机能，提高受粉、受精、灌浆质量，增加千粒重。

3、适时施足再生稻促芽肥。7月5日左右齐穗的田块于本旬末亩施尿素15～20公斤作促芽肥，促进再生芽萌发生长。

4、加强病虫害防治。7月水稻重点防治稻瘟病、纹枯病，二代螟虫、稻飞虱、卷叶螟和赤斑黑沫蝉等病虫，及时喷施药剂加新高脂膜800倍液防治，可大大提高农药有效成分利用率，能调节水的吸收量，防旱防雨淋。

1

我来回答

提交

点击任意问题后，页面跳转至该问题的详细信息，若有专家或其他用户回答了该问题，用户也可查看该问题的答案。用户对于所回答的答案感到满意时，可以点击右下角的“大拇指”点赞，表示对该答案的认同与赞赏（回答该问题的用户可以在登录平台后查看自己所获得的点赞数）。

4. 如何查看产业咨询?

查看产业咨询的方式有以下两种。

(1) 用户在首页的下方偏左位置可以查看到“产业咨询”栏，用户无需登录即可点击查看该栏下资讯标题便可查看最新发布的产业资讯，如下图所示。

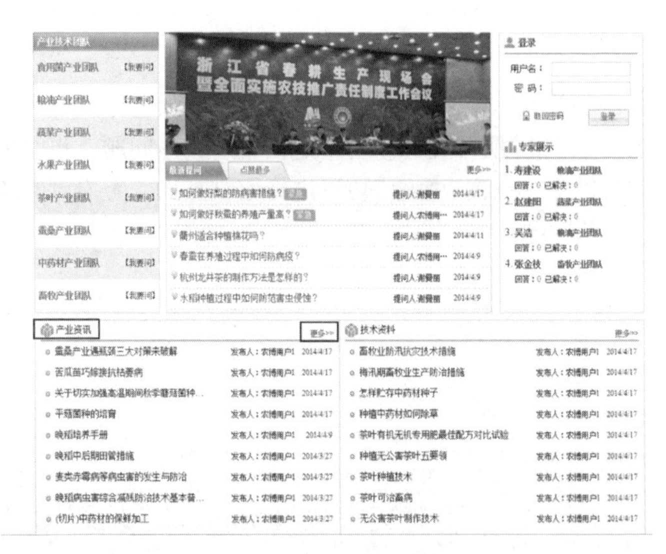

(2) 点击“产业资讯右侧的”的“更多 >>”，页面将跳转至“产业资讯”页面（也就是第二种查看产业资讯的途径：可以点击导航栏上的“产业资讯”直接查看），如下图所示。

若需要找某一产业团队的产业资讯，可以选择产业技术团队后，点击“搜索”便可查看。若要定位于某一具体产业资讯，也可输入标题中的关键字，点击“搜索”便可进行模糊查询，查看到与输入关键字相关的产业资讯。

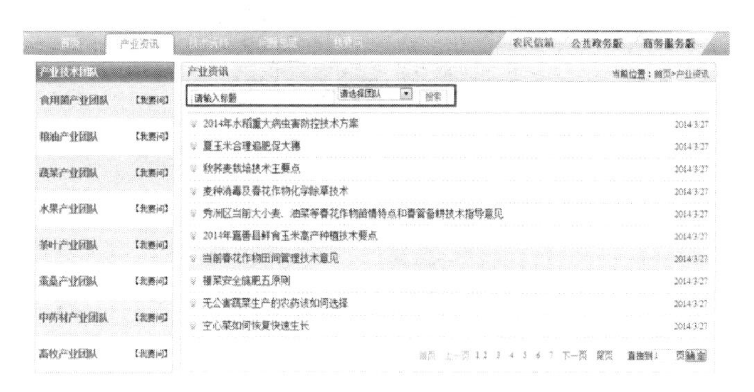

点击任意一条产业资讯的标题后，页面跳转至该产业资讯的详细信息供用户浏览。浏览完毕后，用户可点击正下方的“关闭本页”则关闭该资讯。

5. 如何查看技术资料?

查看技术资料的方式有以下两种。

(1) 用户在首页的下方偏右位置可以查看到“技术资料”栏，用户无需登录也可点击查看该栏下的资料标题便可查看最新发布的技术资料，如下图所示。

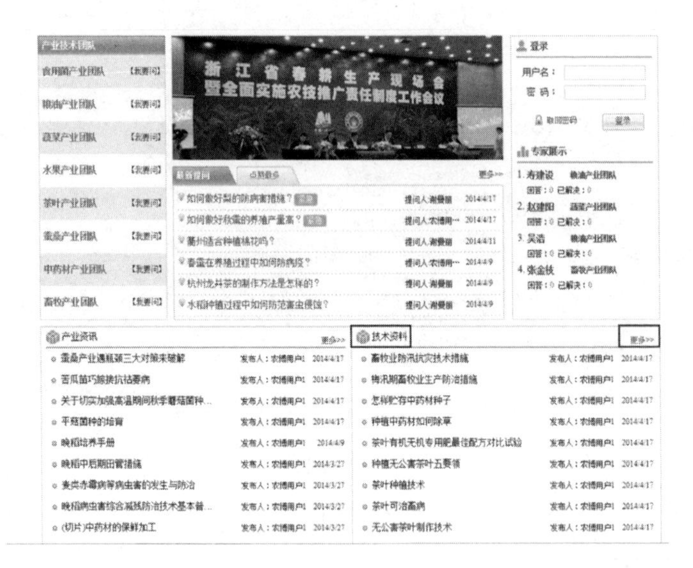

(2) 点击“技术资料右侧的”的“更多>>”，页面将跳转至“技术资料”页面（也就是第二种查看技术资料的途径：可以点击导航栏上的“技术资料”直接查看），如下图所示。

若需要找某一产业团队的技术资料，可以选择产业技术团队后，点击“搜索”便可查看。若要定位某一具体技术资料，也可输入标题中的关键字，点击“搜索”便可进行模糊查询，查看到与输入关键字相关的技术资料。

点击任意一条技术资料的标题后，页面跳转至该技术资料的详细信息供用户浏览。浏览完毕后，用户可点击正下方的“关闭本页”则关闭该技术资料。

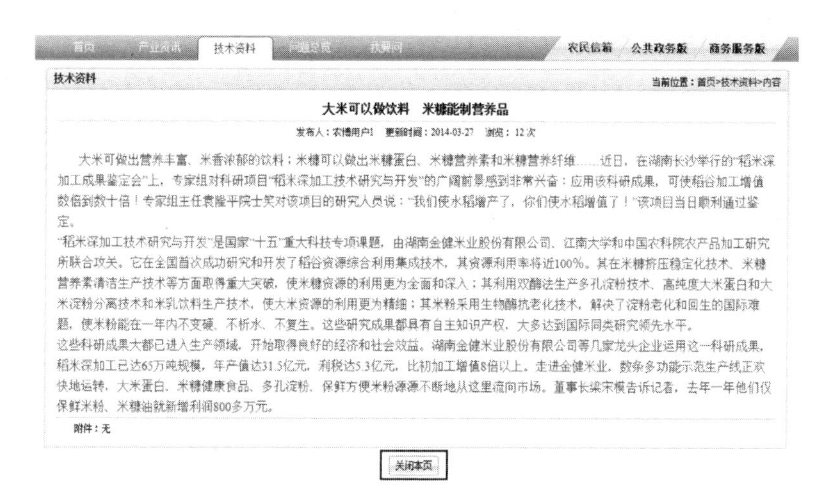

6. 如何发表问题？

温馨提示：若用户要进行“发表问题”操作，必须先登录平台才能具有该权限。对于未登录平台就进入发表问题操作的用户，在点击“提交”后系统会有“用户登录”的提示框弹出，提示用户必须先登录才能发表问题。

发表问题的方式有以下两种。

（1）用户在首页的左侧位置可以查看到每个“产业技术团队”的右侧有“我要问”，点击“我要问”，页面跳转至“发表问题”页面，每个跳转页面中的“选择分类”下的产业是与首页的“产业技术团队”一一对应。例如，点击首页“食用菌产业”右侧的“我要问”，跳转页面的选择分类则为“食用菌产业”。如下图所示。

(2) 可以点击导航栏上的"我要问"直接查看，如下图所示。

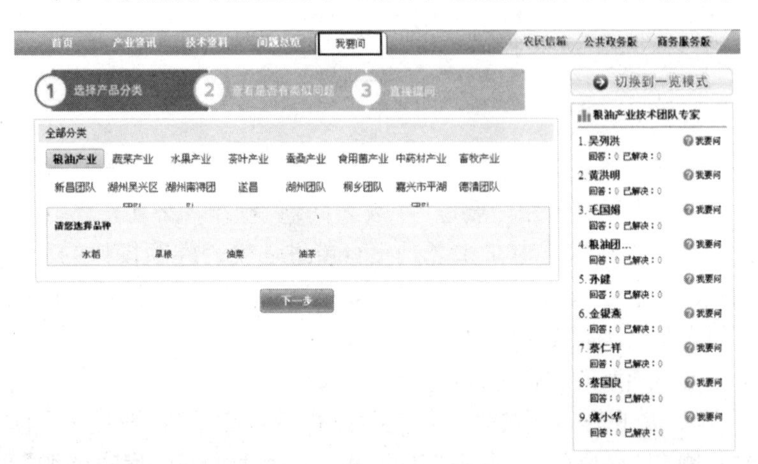

温馨提示：在"发表问题"下"问题内容"和"选择分类"为必填项，选择分类后的"指定技术专家""紧急"和"问题补充"以及下方的"收到答案时短信通知我"不要求必选，若必填项未填写完整，提交会有验证提示输入。若勾选"指定技术专家"，该问题则由指定的技术专家来回答；若勾选"紧急"，该问题在发布后有"紧急图标"，表示该问题的紧急程度；若勾选"收到答案短信通

知我”，该问题则在被回答后通过短信方式提醒用户，用户可以及时登录平台查看。

在输入框中输入问题内容，选择分类后，可以指定某技术专家回答该问题，根据实际情况勾选问题是否“紧急”和“收到答案短信通知我”，点击“提交”便可发表问题。如下图为提交成功转跳的页面显示：

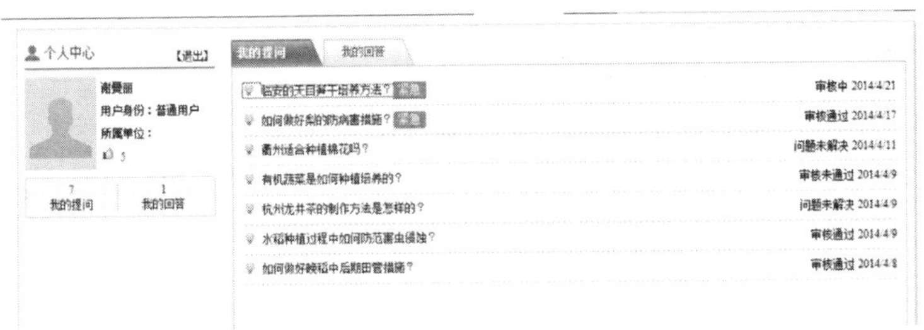

7. 如何查看个人已发表的问题及问题状态？

温馨提示：若用户要进行此操作，必须先登录平台才能具有

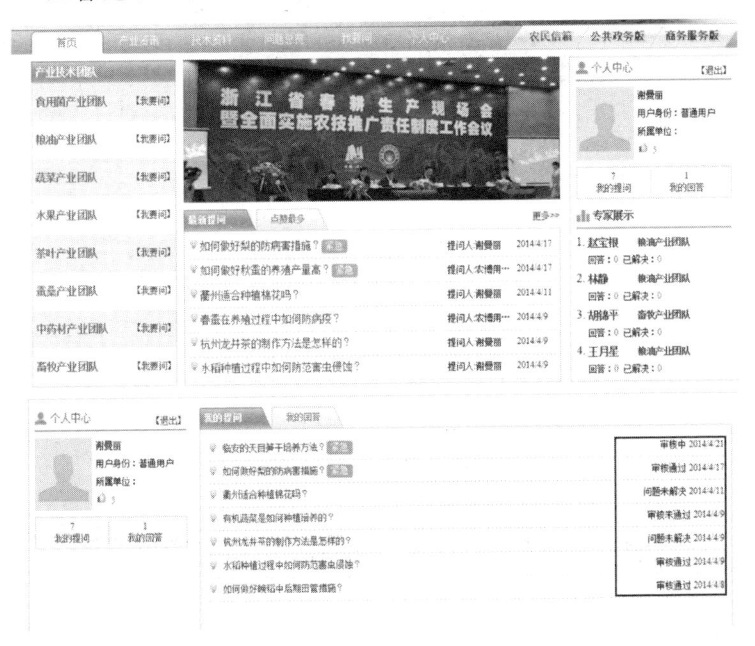

查看个人已发表问题的权限。

用户在首页的右侧位置登录成功后，便跳至“个人中心”，点击“个人中心”下“我的提问”便可查看个人已发表的问题状态（“审核中”，“审核通过”，“审核未通过”，“问题已解决”，“问题未解决”等）。

8. 如何查看个人已回答的问题及问题状态？

温馨提示：若用户要进行此操作，必须先登录平台才能具有查看个人已回答问题的权限。

用户在首页的右侧位置登录成功后，出现部分“个人中心”基本信息，点击“个人中心”下“我的回答”，便可查看个人已回答的问题。

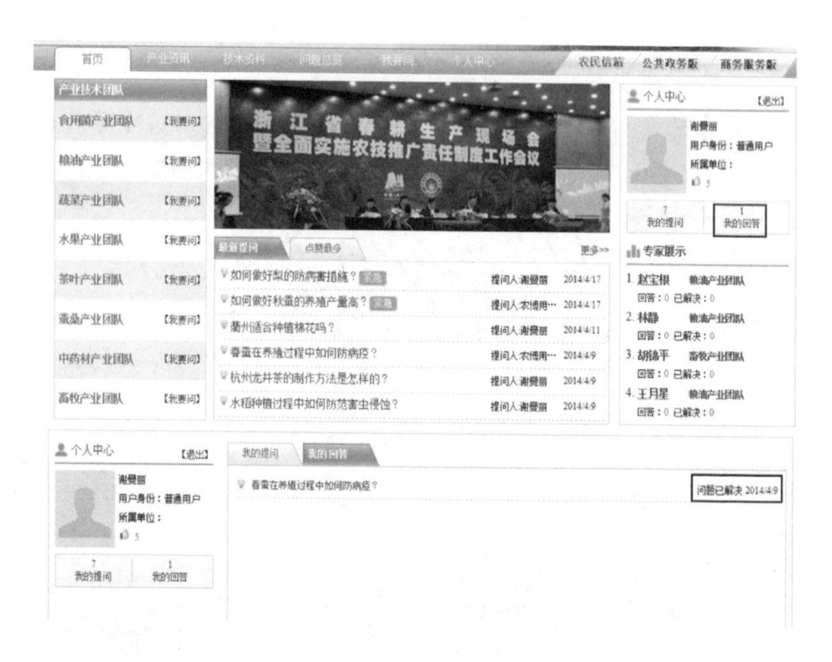

点击任一问题标题，便跳至该问题及答案的详细信息。

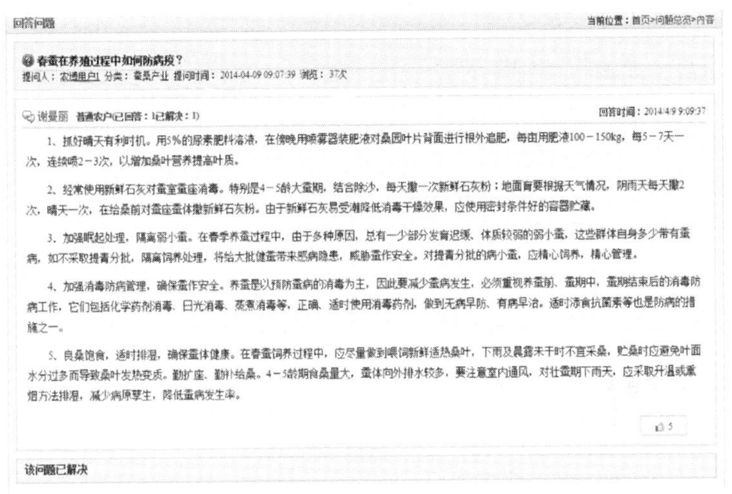
回答问题　　当前位置：首页>问题总览>内容

春蚕在养殖过程中如何防病疫？

提问人：农通用户1 分类：蚕桑产业 提问时间：2014-04-09 09:07:39 浏览：37次

谢曼丽　普通农户(已回答：1已解决：1)　　回答时间：2014/4/9 9:09:37

1、抓好晴天有利时机。用5%的尿素肥料溶液，在傍晚用喷雾器装肥液对桑园叶片背面进行根外追肥，每亩用肥液100－150kg，每5－7天一次，连续喷2－3次，以增加桑叶营养提高叶质。

2、经常使用新鲜石灰对蚕室蚕座消毒。特别是4－5龄大蚕期，结合除沙，每天撒一次新鲜石灰粉；地面育要根据天气情况，阴雨天每天撒2次，晴天一次，在给桑前对蚕座蚕体撒新鲜石灰粉。由于新鲜石灰易受潮降低消毒干燥效果，应使用密封条件好的容器贮藏。

3、加强眠起处理，隔离弱小蚕。在春季养蚕过程中，由于多种原因，总有一少部分发育迟缓、体质较弱的弱小蚕，这些群体自身多少带有蚕病，如不采取提青分批，隔离饲养处理，将给大批健蚕带来恶病隐患，威胁蚕作安全。对提青分批的病小蚕，应精心饲养，精心管理。

4、加强消毒防病管理，确保蚕作安全。养蚕是以预防蚕病的消毒为主，因此要减少蚕病发生，必须重视养蚕前、蚕期中，蚕期结束后的消毒防病工作，它们包括化学药剂消毒、日光消毒、蒸煮消毒等，正确、适时使用消毒药剂，做到无病早防、有病早治。适时添食抗菌素等也是防病的措施之一。

5、良桑饱食，适时排湿，确保蚕体健康。在春蚕饲养过程中，应尽量做到喂饲新鲜适熟桑叶，下雨及晨露未干时不宜采桑，贮桑时应避免叶面水分过多而导致桑叶发热变质。勤扩座、勤补给桑。4－5龄期食桑量大，蚕体向外排水较多，要注意室内通风，对壮蚕期下雨天，应采取升温或熏烟方法排湿，减少病原孳生，降低蚕病发生率。

5

该问题已解决

9. 如何设置已回答问题的答案状态？

温馨提示：若用户要进行此操作，必须先登录平台才能具有设置的权限。

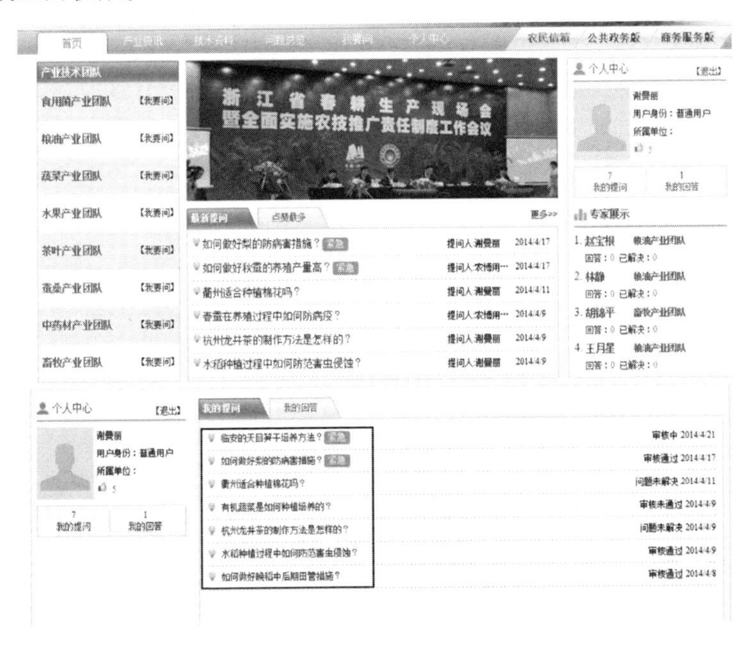

用户在首页的右侧位置登录成功后，便出现“个人中心”的基本信息，点击“个人中心”下“我的提问”，便跳至个人发表的问题列表。

点击任一问题标题，便可查看问题及答案的详细信息，查看答案结束后，可以对答案进行评价。

(1) 若用户对于所回答的答案感到满意时，可以点击右下角的“大拇指”点赞，表示对该答案的认同与赞赏(回答该问题的用户可以在登录平台后查看自己所获得的点赞数)。

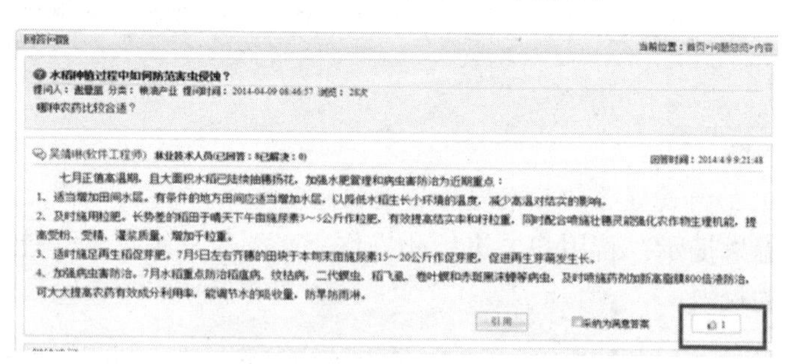

(2) 若用户对于所回答的答案感到非常满意，且认为就是最佳答案时，可以勾选该答案右下方的“采纳为满意答案”复选框，就可表示个人认为该答案的最佳性，并且选中下方的“问题解决”单选框，点击“提交”，表示个人认为该问题已有满意答案并表示该问题帖子的结束(即所有其他用户无法回答该问题)。

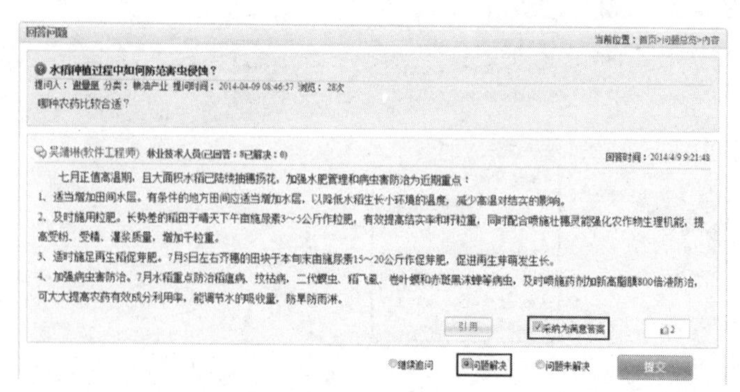

(3) 若用户认为所回答的答案没有实质上解决问题，则选中下方的“问题未解决”单选框，点击“提交”，表示个人认为该问题未解决，且表示该问题帖子的结束(即所有其他用户无法回答该问题)。

10. 如何追问问题或答案?

温馨提示：若用户要进行此操作，必须先登录平台才能具有追问的权限。

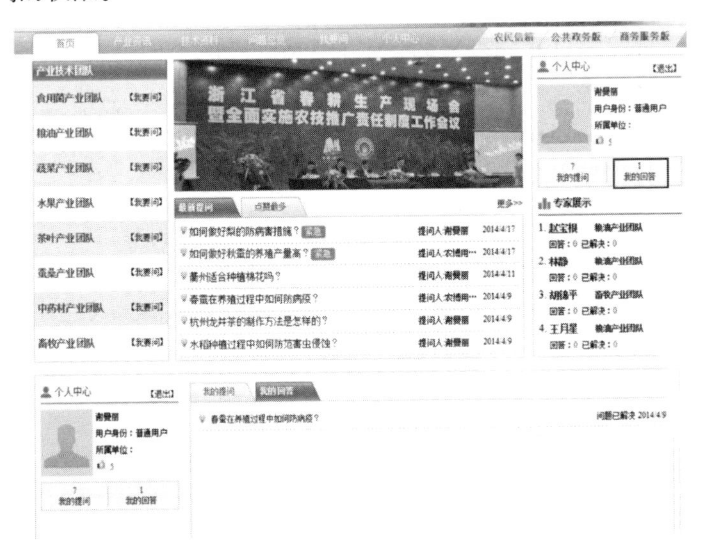

用户在首页的右侧位置登录成功后，便跳至“个人中心”，点击“个人中心”下“我的回答”，便可查看个人已发表的问题。

点击任一问题标题，便跳至问题及答案的详细信息，用户浏览问题答案后有疑虑，想要继续追问问题，则可以点击答案下方的“引用”按钮。

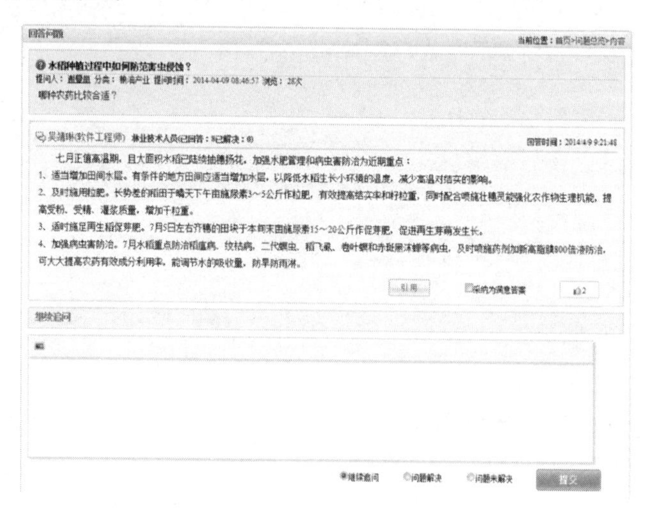

点击后，该用户回答的答案则复制在“继续追问”框中。

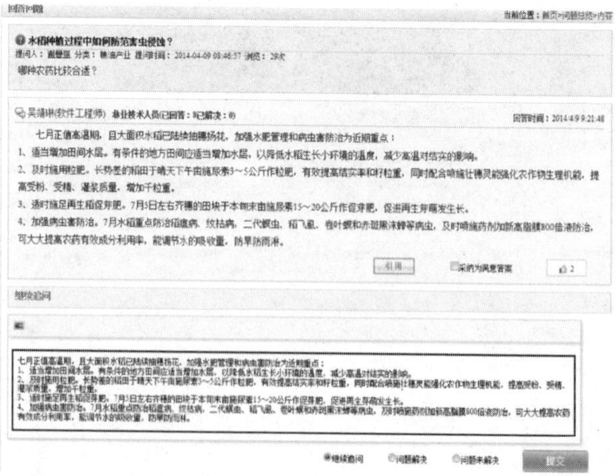

在追问框中输入想要继续追问的问题，选择“继续追问”单选框，点击“提交”便可追问该问题答案。

（二）专家使用规则

专家在页面 http://cytd.zjnm.cn/ask/AskIndex.aspx 的使用规则几乎与普通用户一致（可参考“用户使用规则”）。以下所述为与用户操作的区别。

1. 如何区别用户身份？

普通用户与专家登录成功后的用户身份识别不同，专家账号登录后的身份为“专家”，普通用户登录成功后的身份为“普通用户”。

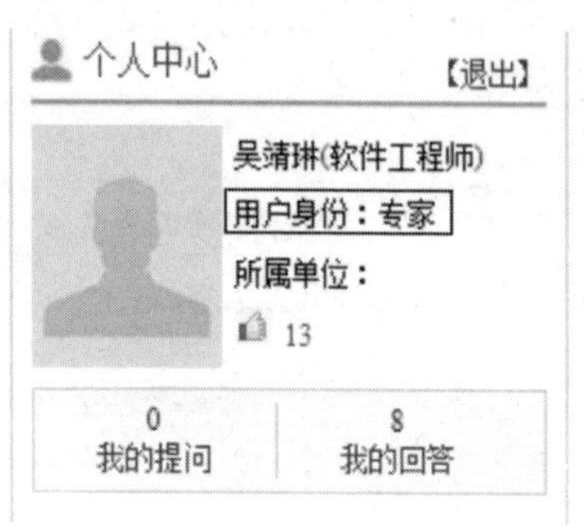

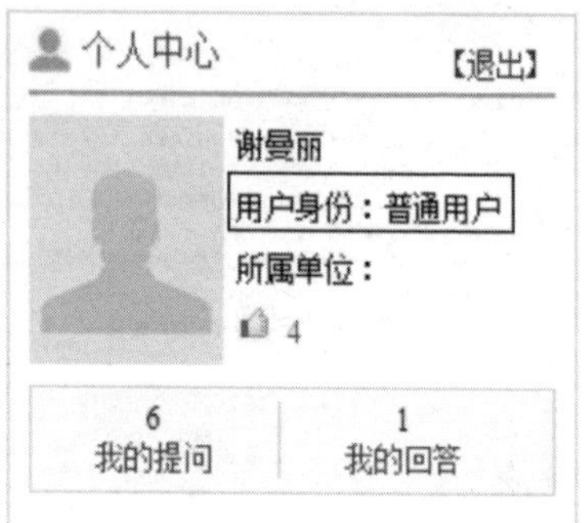

2. 如何使用“向我求助”功能？

专家账号登录成功后进入“个人中心”，除了“我的提问”，“我的回答”，比普通用户多出一栏“向我求助”（此栏为普通用户在发表问题时指定专家回答问题列表）。

点击“向我求助”下的问题标题，进入问题的详细信息，回答问题步骤与普通用户操作一致（可参考“普通用户使用规则”）。

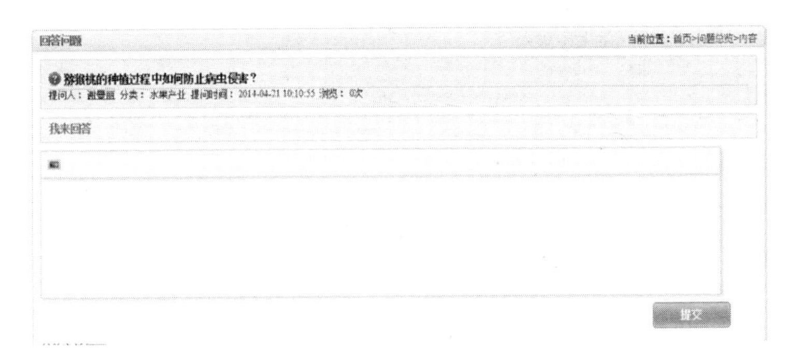

3. 如何发布资料？

在登录成功后点击“个人中心”右侧的“团队维护”进入到团队维护页面，点击“团队维护”下方的“资料发布”，输入标题，内容（这两项为必填项，不填写会有验证提示），选择资料的类型（默认为“产业咨询”），如有附件需要添加附件（在附件中点击“选择文件”后，必须点击“上传文件”），最后点击“保存”便可成功发布资料。

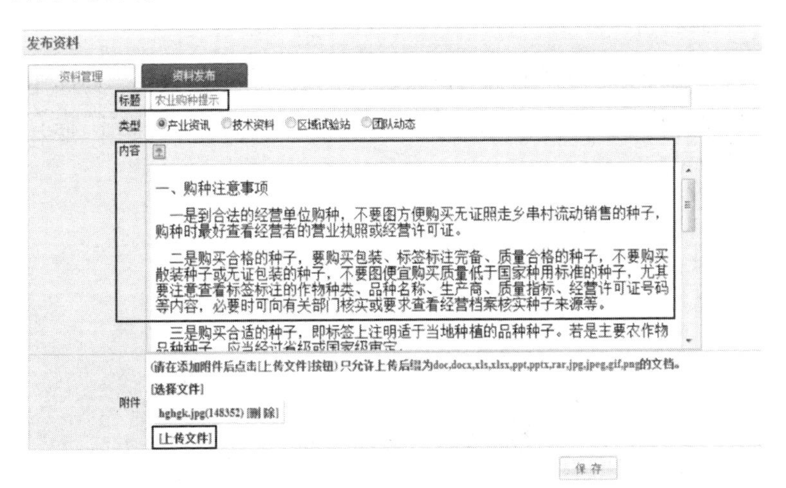

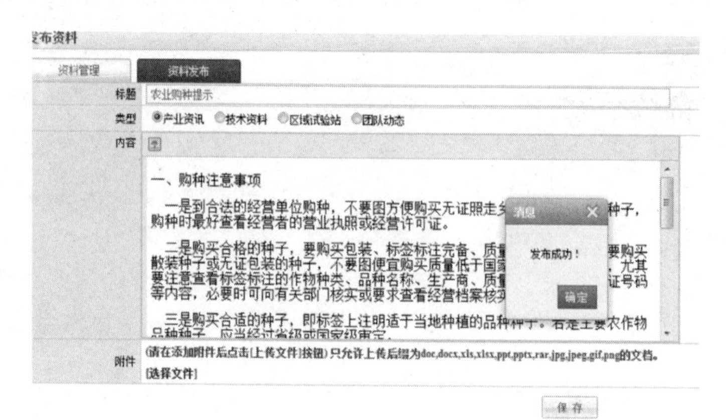

4. 如何对资料进行修改?

在“我发布的资料中”可以查看到刚发布的资料记录。

点击操作下的“修改”按钮，页面跳至“修改资料”页面中，可修改资料的标题、类型、内容和附件，修改完毕后点击“保存”提交即可。

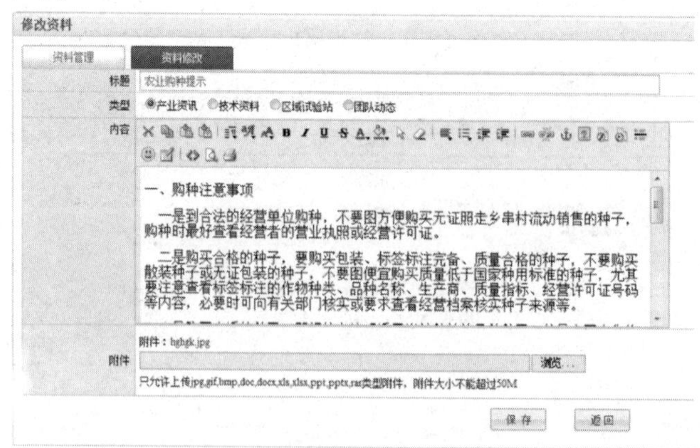

5. 如何对资料进行删除？

在“我发布的资料中”可以查看到刚发布的资料记录。

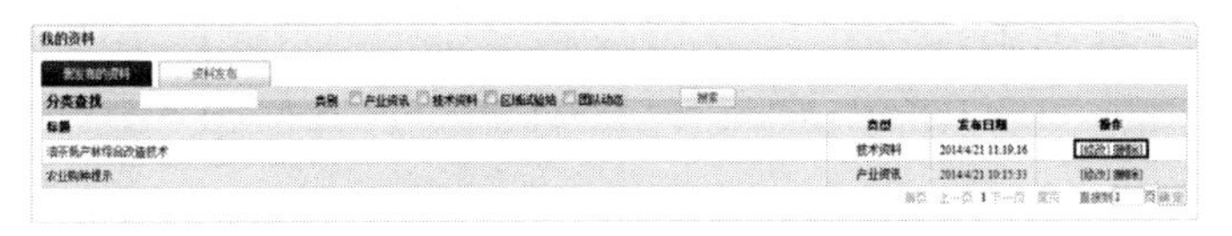

点击该资料记录对应的“删除”按钮，页面会有“删除成功”的提示框弹出，表示该记录已删除。

（三）联络员使用规则

1. 如何维护团队简介？

联络员在浏览器中输入域名 http://cytd.zjnm.cn/ask/AskIndex.aspx，输入正确的联络员账号，点击“登录”。

输入正确的用户名和密码，点击登录后出现“个人中心”的部分信息。

继续点击导航栏上的“个人中心”或者“我的提问”或“我的回答”，进入“个人中心”页面。

点击“个人中心”右侧的“团队维护”，则出现八大产业团队（粮油产业、蔬菜产业、水果产业、茶叶产业、蚕桑产业、畜牧产业、中药材产业、食用菌产业）。

任意点击某一产业(以粮油产业为例)，则进入团队维护页面，默认的为“团队简介”。可以输入或者修改团队名称，团队概况，新增联络员为该团队的联络员。输入完毕后，点击“保存”即可提交团队简介。

2. 如何维护团队成员？

在登录成功后进入到团队维护页面，点击“团队维护”下方的“团队成员”，上半部分显示的为已是该团队的团队成员，下半部分显示的为八大团队的所有专家库，专家库的成员供联络员选择是否成为某个团队的团队成员。

(1) 如何添加团队成员？

要添加某一团队的团队成员，首先要进入该团队的团队维护页面，点击下方的“团队成员”，显示出该团队已有团队成员列表和待选专家库列表。首先在“待选专家库”下的“分类查找”找到所需要的团队成员，可通过输入成员姓名，选择所属的农业类别和成员的所属地区，可以更快更准地找到所需要的团队成员。一般输入名字后即可查找到该成员，如有名字雷同，通过其职称、所属地区等来判别是否为所需要的团队成员。

双击查找到的该记录的姓名即可将该成员添加成功至该队里，此时团队成员中有了该团队成员的记录信息，专家库中则不存在该条信息。

团队成员（双击姓名删除成员）

	姓名	地址	职称	类别	身份	操作
1		浙江省台州市市级机关市农科院生态所		农业技术人员	首席专家	[补充信息][删除][设为首
2		浙江省省级机关省农科院作核所油料室		农业技术人员	专家	[补充信息][删除][设为首
3		浙江省省级机关浙江大学浙大科技特派员		农业技术人员	专家	[补充信息][删除][设为首
4		浙江省省级机关浙江大学浙江大学农学院农学院联络点农		农业技术人员	专家	[补充信息][删除][设为首
5		浙江省省级机关水稻研究所稻作技术研究与发展中心		农业技术人员	专家	[补充信息][删除][设为首
6		浙江省台州市温岭市松门镇双证制学员14年学员		其他涉农服务人员	专家	[补充信息][删除][设为首
7		浙江省绍兴市柯桥区华舍街道解放居委会		其他涉农服务人员	专家	[补充信息][删除][设为首
8		浙江省丽水市莲都区区级机关农业局黄村农业技术服务站		农业技术人员	专家	[补充信息][删除][设为首
9		浙江省省级机关省农业厅信息中心		农业技术人员	专家	[补充信息][删除][设为首
10		浙江省绍兴市市级机关农业局农机管理总站		农业技术人员	专家	[补充信息][删除][设为首
11		浙江省丽水市市级机关农科院动物科学研究所	其它	农业技术人员	专家	[补充信息][删除][设为首
12						

待选专家库（双击姓名加入团队）

分类查找　姓名　类别　地区　选择地区　搜索

	姓名	地址	职称	类别	从事行业
1		浙江省省级机关省农业厅省种植业管理局粮油科		农业技术人员	农学

(2) 如何删除团队成员？

要删除某一团队的团队成员，也首先要进入该团队的团队维护页面，点击下方的“团队成员”，显示出该团队已有团队成员列表和待选专家库列表。首先在“团队成员”列表下找到要删除的团队成员，双击该成员的姓名或者点击该成员记录操作下的“删除”按钮，便弹出“是否确定要删除该成员”的提示。

点击“确定”后，删除的团队成员返回到“待选专家库”列表。

团队成员（双击姓名删除成员）

	姓名	地址	职称	类别	身份	操作
1	[illegible]	浙江省台州市市级机关市农科院生态所	[illegible]	农业技术人员	首席专家	[补充信息][删除][设为首
2	[illegible]	浙江省省级机关省农科院作核所油料室		农业技术人员	专家	[补充信息][删除][设为首
3	[illegible]	浙江省省级机关浙江大学浙大科技特派员	[illegible]	农业技术人员	专家	[补充信息][删除][设为首
4	[illegible]	浙江省省级机关浙江大学浙江大学农学院农学院联络点办	[illegible]	农业技术人员	专家	[补充信息][删除][设为首
5	[illegible]	浙江省省级机关水稻研究所稻作技术研究与发展中心	[illegible]	农业技术人员	专家	[补充信息][删除][设为首
6	[illegible]	浙江省台州市温岭市松门镇双证制学员14年学员		其他涉农服务人员	专家	[补充信息][删除][设为首
7	[illegible]	浙江省绍兴市柯桥区华舍街道解放居委会		其他涉农服务人员	专家	[补充信息][删除][设为首
8	[illegible]	浙江省丽水市莲都区区级机关农业局黄村农业技术服务站	[illegible]	农业技术人员	专家	[补充信息][删除][设为首
9	[illegible]	浙江省省级机关省农业厅信息中心	[illegible]	农业技术人员	专家	[补充信息][删除][设为首
10	[illegible]	浙江省绍兴市市级机关农业局农机管理总站	[illegible]	农业技术人员	专家	[补充信息][删除][设为首
11	[illegible]	浙江省丽水市市级机关农科院动物科学研究所	其它	农业技术人员	专家	[补充信息][删除][设为首
12						

待选专家库（双击姓名加入团队）

分类查找 姓名 [illegible] 类别 地区 选择地区 搜索

	姓名	地址	职称	类别	从事行业
1	[illegible]	浙江省省级机关省农业厅省种植业管理局粮油科	[illegible]	农业技术人员	农学

(3) 如何管理团队成员顺序?

要管理某一团队的团队成员，也首先要进入该团队的团队维护页面，点击下方的“团队成员”，显示出该团队已有团队成员列表和待选专家库列表。首先在“团队成员”列表下找到要进行操作的团队成员，点击该成员操作下的“设为首席专家”，“上移”，“下移”操作来管理团队成员在前台显示的顺序。

团队成员（双击姓名删除成员）

	姓名	地址	职称	类别	身份	操作
1	[illegible]	浙江省省级机关省农科院作核所油料室		农业技术人员	专家	[补充信息][删除][设为首席专家][上移][下移]
2	[illegible]	浙江省台州市市级机关市农科院生态所	[illegible]	农业技术人员	专家	[补充信息][删除][设为首席专家][上移][下移]
3	[illegible]	浙江省省级机关浙江大学浙大科技特派员	[illegible]	农业技术人员	专家	[补充信息][删除][设为首席专家][上移][下移]
4	[illegible]	浙江省省级机关浙江大学浙江大学农学院农学院联络点才	[illegible]	农业技术人员	专家	[补充信息][删除][设为首席专家][上移][下移]
5	[illegible]	浙江省省级机关水稻研究所稻作技术研究与发展中心	[illegible]	农业技术人员	专家	[补充信息][删除][设为首席专家][上移][下移]
6	[illegible]	浙江省台州市温岭市松门镇双证制学员14年学员		其他涉农服务人员	专家	[补充信息][删除][设为首席专家][上移][下移]
7	[illegible]	浙江省绍兴市柯桥区华舍街道解放居委会		其他涉农服务人员	专家	[补充信息][删除][设为首席专家][上移][下移]

点击“设为首席专家”后，该专家的身份则为“首席专家”，顺序排至第一位。

团队成员（双击姓名删除成员）

	姓名	地址	职称	类别	身份	操作
1	[illegible]	浙江省台州市市级机关市农科院生态所	[illegible]	农业技术人员	首席专家	[补充信息][删除][设为普通专家][上移][下移]
2	[illegible]	浙江省省级机关省农科院作核所油料室		农业技术人员	专家	[补充信息][删除][设为首席专家][上移][下移]
3	[illegible]	浙江省省级机关浙江大学浙大科技特派员	[illegible]	农业技术人员	专家	[补充信息][删除][设为首席专家][上移][下移]
4	[illegible]	浙江省省级机关浙江大学浙江大学农学院农学院联络点才	[illegible]	农业技术人员	专家	[补充信息][删除][设为首席专家][上移][下移]
5	[illegible]	浙江省省级机关水稻研究所稻作技术研究与发展中心	[illegible]	农业技术人员	专家	[补充信息][删除][设为首席专家][上移][下移]
6	[illegible]	浙江省台州市温岭市松门镇双证制学员14年学员		其他涉农服务人员	专家	[补充信息][删除][设为首席专家][上移][下移]

当然，在前台的显示顺序则与后台一致，并且在名字后方有“首席专家”的称号。

团队专家成员　更多>>

林静 联络员
水产技术人员

杨祥田 首席专家
农业技术人员

张冬青
农业技术人员

吴良欢
农业技术人员

石春海
农业技术人员

朱德峰
农业技术人员

毛云方
其他涉农服务人员

寿建设
其他涉农服务人员

(4) 如何补充团队成员信息?

要补充某一团队的团队成员的信息，也首先要进入该团队的团队维护页面。点击下方的“团队成员”，显示出该团队已有团队成员列表和待选专家库列表。首先在“团队成员”列表下找到要进行操作的团队成员，点击该成员操作下的“补充信息”。

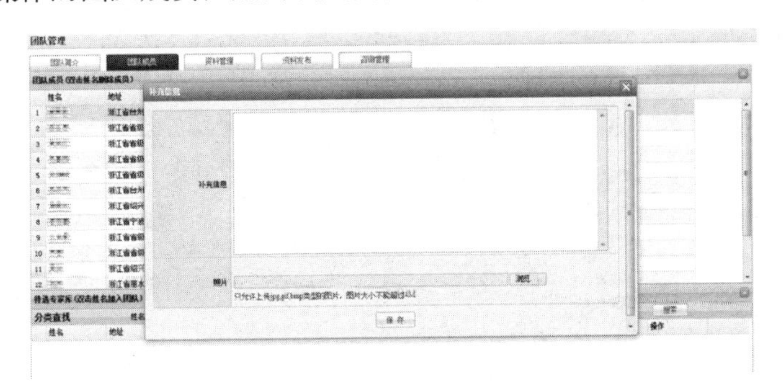

输入该成员的补充信息，可以添加图片(只允许上传JPG、GIF、BMP类型的图片，图片大小不能超过4M，否则不能成功保存)，点击“保存”即可补充成员信息。

3. 如何发布资料?

在登录成功后进入到团队维护页面，点击“团队维护”下方的“资料发布”，输入标题、内容(这两项为必填项，不填写会有验证提示)，选择资料的类型(默认为“产业咨询”)，如有附件则需要添加附件(在附件中点击“选择文件”后，必须点击“上传文件”)，最后点击“保存”便可成功发布资料。

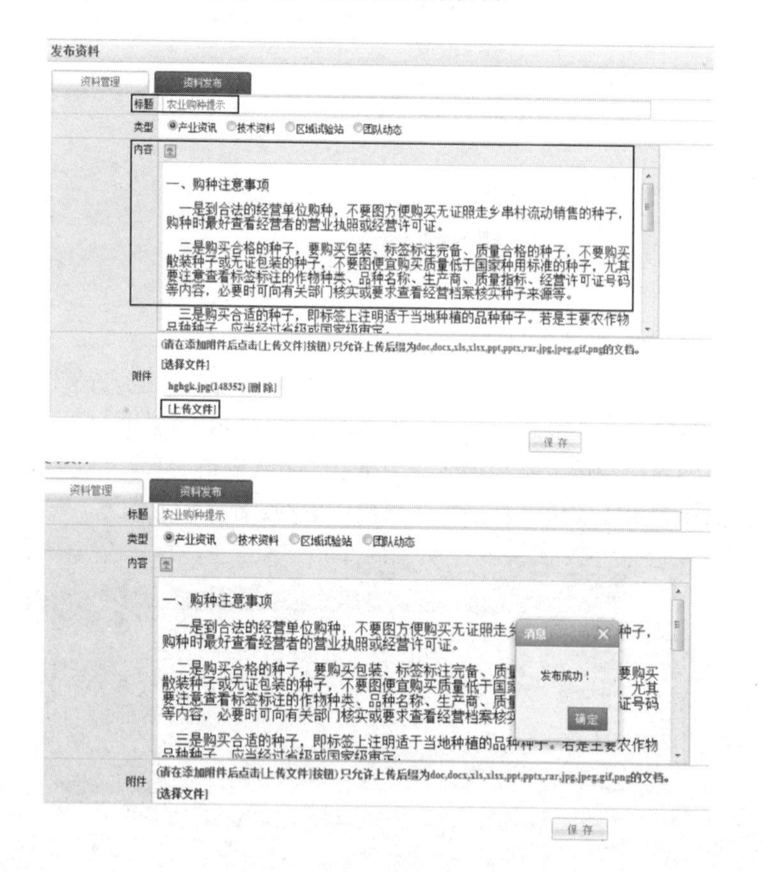

4. 如何对资料进行修改？

要修改某一条的资料，首先要进入该团队的团队维护下的“资料管理”。首先通过分类查找找到所需要的管理的资料，可输入资料标题、选择资料的类别，点击“搜索”便可以更快更准地找到所需要的资料信息。

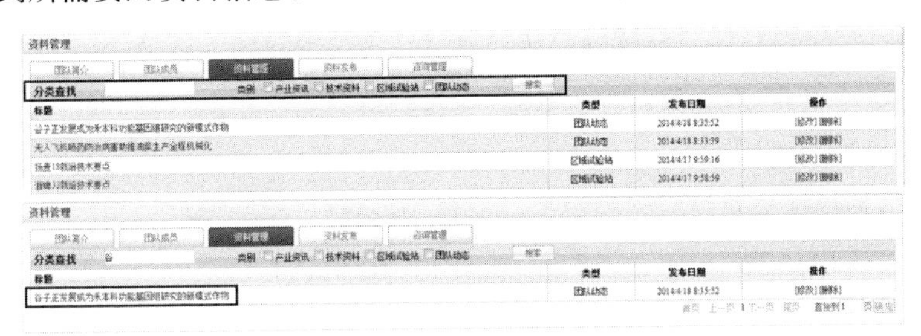

点击该资料的标题便可查看该资料的详细信息。

资料查看

谷子正发展成为禾本科功能基因组研究的新模式作物

发布时间：2014/4/18 8:35:52

本网讯：3月12日，记者从中国农业科学院作物科学研究所主办、国家谷子糜子产业技术研发中心承办的第三届国际谷子遗传学会议上获悉，谷子正发展成为禾本科功能基因组研究的新模式作物。

农业部副部长、中国农业科学院院长李家洋在致辞时说，遗传学的不断发展，为解决人类健康、促进生物产业、保障农业生产和粮食安全提供了重要的科学保障。随着社会进步和人类需求的不断提升，需要不断推动遗传学的深入发展，而模式生物在引领重要的科学发现和先进研究手段的不断进步方面扮演着十分重要的角色。谷子与玉米、高粱、甘蔗、狼尾草、糜子、柳枝稷等禾谷类粮食和能源作物近缘，通过以谷子为模式开展功能基因研究，不仅能为解决多年来难以解析的抗旱和C4光合作用的遗传分子机理提供崭新的机遇，还能为研究作物的驯化和改良、抗旱性的遗传机制、植物系统进化和应用价值基因的分离和克隆提供独特的视角和思路。

李家洋指出，目前谷子遗传学研究还处在起步阶段，面临着诸多技术挑战，遗传转化效率也有待进一步提高。亟需构建完整全面的网上遗传信息数据库，尽快研究构建一批核心的研究群体和突变体库。此次与会专家将就谷子遗传信息网站的构建、统一规范的操作规程编写、确立高效遗传转化体系、建立谷子遗传学国际学术委员会等问题进行充分而广泛的交流并达成积极共识，必将会为今后更加深入合作奠定坚实的基础，为禾本科杂粮粮食和能源作物的发展带来新契机。

据了解，本世纪以来，谷子以其非常好的抗旱性和耐瘠薄性、基因组小、二倍体、生育期短等特点，受到国际遗传学界的高度重视，在英国、德国、日本、澳大利亚、巴西等国家都启动了谷子和狗尾草遗传学研究。我国谷子研究科学家在世界性的谷子遗传学研究热潮中，以中国农业科学院作物科学研究所国家谷子糜子产业技术研发中心为主，在谷子基因组测序、单倍型图谱构建、全基因组重测性状关联分析、数据库构建等方面处于国际领先地位。

附件：13.jpg

返回

点击该资料记录操作下的“修改”按钮，页面跳至“修改资料”页面，可修改资料的标题，类型，内容和附件，修改完毕后点击“保存”提交即可。

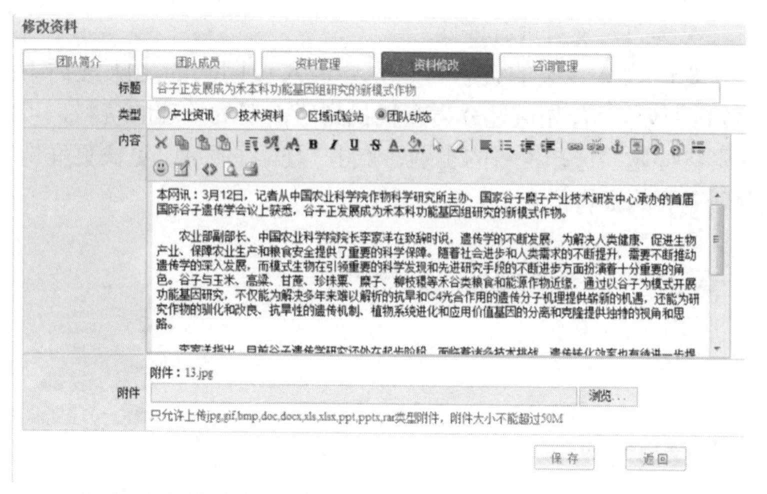

5. 如何对资料进行删除？

要删除某一资料记录，首先要进入该团队的团队维护下的“资料管理”。首先在“团队成员”列表下找到要删除的资料记录，点击该资料记录操作下的“删除”按钮，便弹出“是否确定要删除此信息”的提示。

点击 “确定”按钮，页面会有“删除成功”的提示框弹出，表示该记录已删除。

资料管理

团队简介　团队成员　资料管理　资料发布　咨询管理

分类查找　类别 □产业资讯 □技术资料 □区域试验站 □团队动态　搜索

标题	类型	发布日期	操作
无人飞机喷药防治病害助推油菜生产全程机械化	团队动态	2014/4/18 8:33:39	[修改] [删除]
扬麦18栽培技术要点	区域试验站	2014/4/17 9:59:16	[修改] [删除]
[illegible]33栽培技术要点	区域试验站	2014/4/17 9:58:59	[修改] [删除]
农作物施用钾肥的重要性	区域试验站	2014/4/17 9:58:44	[修改] [删除]
花椒采摘晾晒要点	区域试验站	2014/4/17 9:58:18	[修改] [删除]
灵芝的栽培技术	区域试验站	2014/4/17 9:57:59	[修改] [删除]
香菜(芫荽)栽培技术要点	区域试验站	2014/4/17 9:57:42	[修改] [删除]
棉花秋桃坐不住的原因及防治	区域试验站	2014/4/17 9:56:55	[修改] [删除]
[illegible]手册	产业资讯	2014/4/9 13:38:23	[修改] [删除]
[illegible]中后期田管措施	产业资讯	2014/3/27 16:29:36	[修改] [删除]
一季稻中后期及晚稻病虫害紧急防治技术	技术资料	2014/3/27 16:29:25	[修改] [删除]

消息　删除成功！

6. 如何进行咨询管理？

要进行咨询管理操作，首先要进入该团队的团队维护下的“咨询管理”。

咨询管理

团队简介　团队成员　资料管理　资料发布　咨询管理

分类查找　☑未审核 ☑审核已通过 □审核未通过 □已解决 □未解决　搜索

标题	提问人	状态	追问/未审核	答案/未审核	指定专家	发布日期	操作
⊕ 如何做好秋蚕的养殖产量高？	农博用户1	审核通过	1/0	0/0	周勇	2014-04-17 1...	[未通过审核] [删除] [转移]

首页　上一页　1　下一页　尾页　直接到1　页确定

联络员可以通过勾选“未审核”，“审核已通过”，“审核未通过”，“已解决”，“未解决”复选框或者输入关键字分类查找，定位于某一咨询查看是否已通过审核（温馨提示：标题前有个“+”小图标，表示该问题已有答案或追问，无“+”小图标表示还未产生答案或追问）。

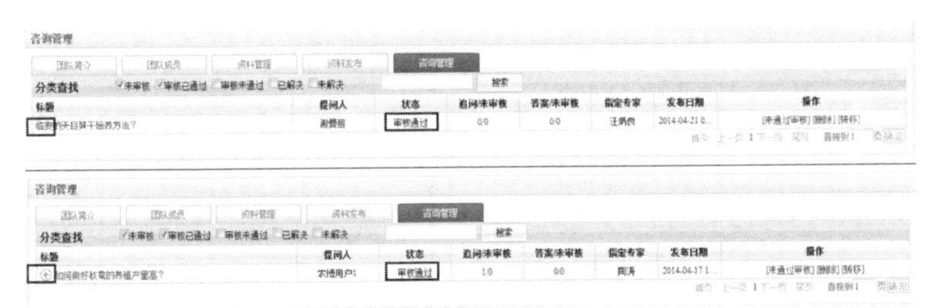

联络员通过点击操作下方的“通过审核”“未通过审核”“删除”“跳转”来进行咨询管理。

（1）若联络员对于用户提交的问题认为有价值且有实际意义，便可点击操作下方的“通过审核”，则该问题在前台页面方可显示。

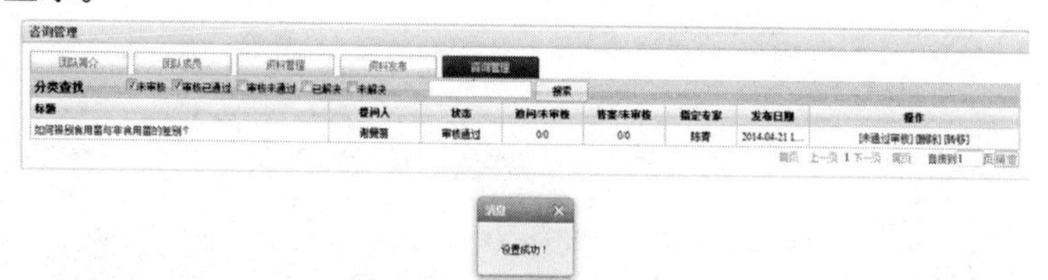

(2) 若联络员在审核问题时觉得用户提交的问题属于不雅或垃圾信息，便可点击操作下方的“未通过审核”，弹出“审核未通过原因”框，选择审核未通过的原因(可多选)，点击“保存”，问题及问题审核未通过的原因将在前台显示，用户登录平台后可查看。

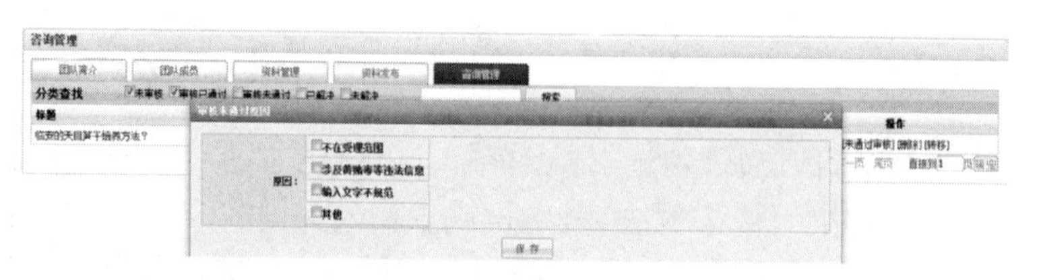

(3) 直接点击“删除”可删除该条问题记录，再点击“确定”便可删除。

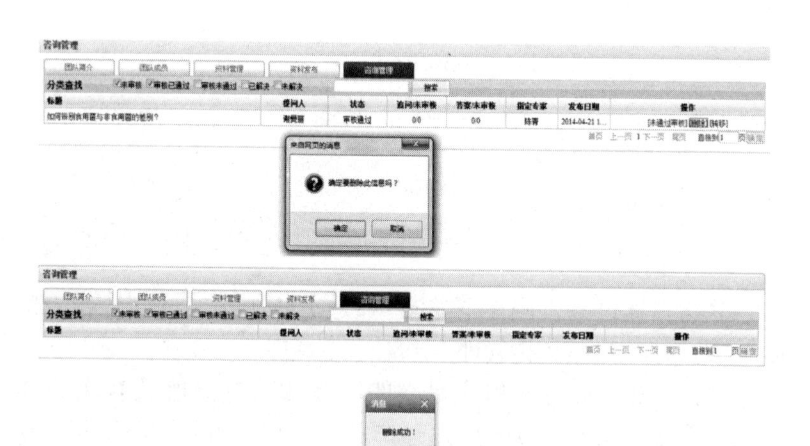

(4)若联络员对用户提交问题没有指定专家回答或者指定的专家无法确切回答，联络员根据专家某一领域的特长，有权限将问题转移至本团队的其他专家来回答。

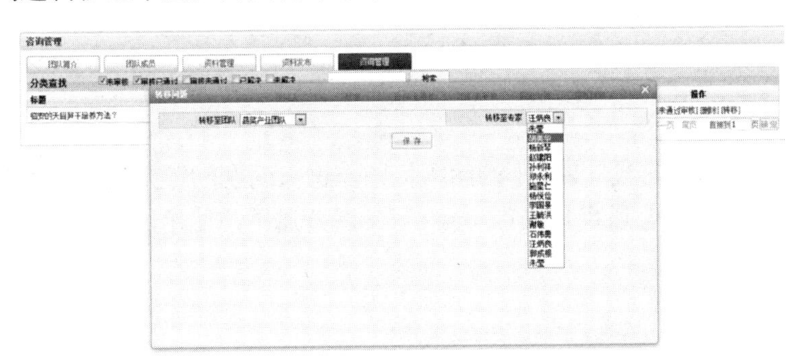

或者用户所提的问题与所选产业不一致(问题不在本产业领域内)，联络员有权限将问题转移至其他团队(与问题领域一致的团队)来回答。转移至其他团队后，该问题由转移后的团队联络员来分配专家回答。

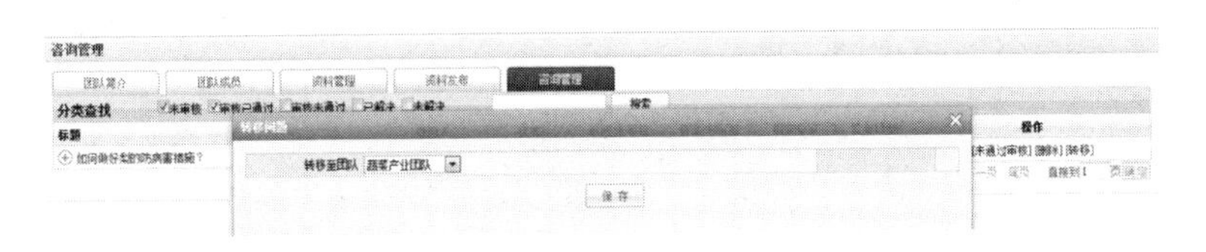

7. 如何使用“向我求助”功能?

专家账号登录成功后进入“个人中心”，除了“我的提问”，“我的回答”，比普通用户多出一栏“向我求助”(此栏为普通用户在发表问题时指定专家回答问题列表)。

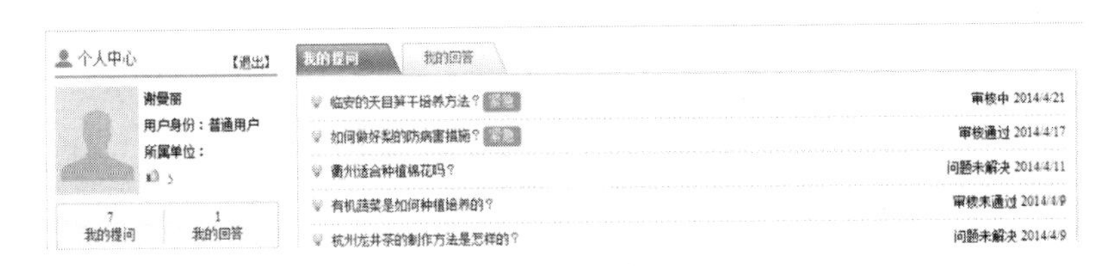

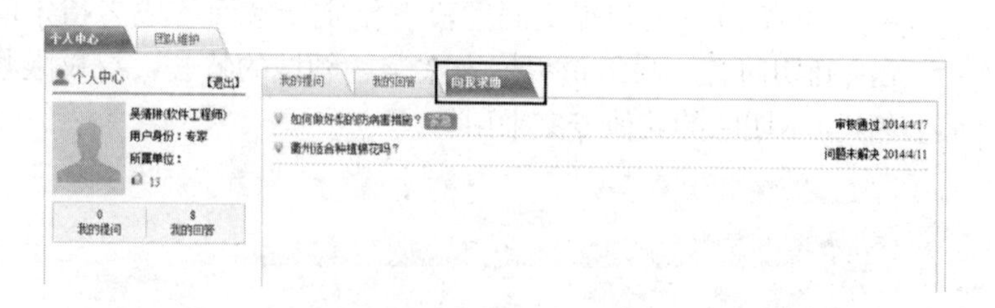

点击“向我求助”下的问题标题，进入问题的详细信息，回答问题步骤与普通用户操作一致(可参考普通用户使用规则)。

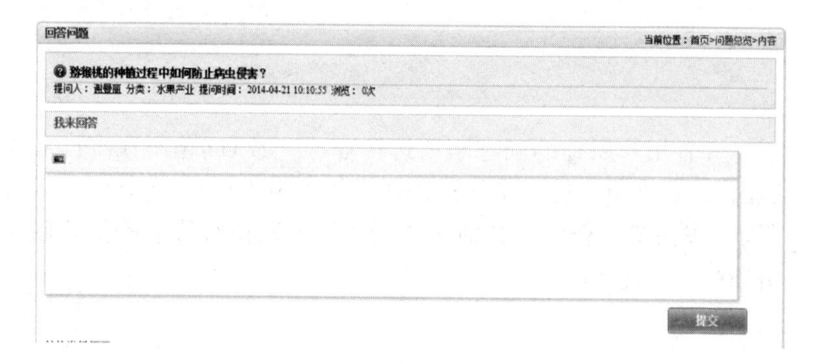

附：

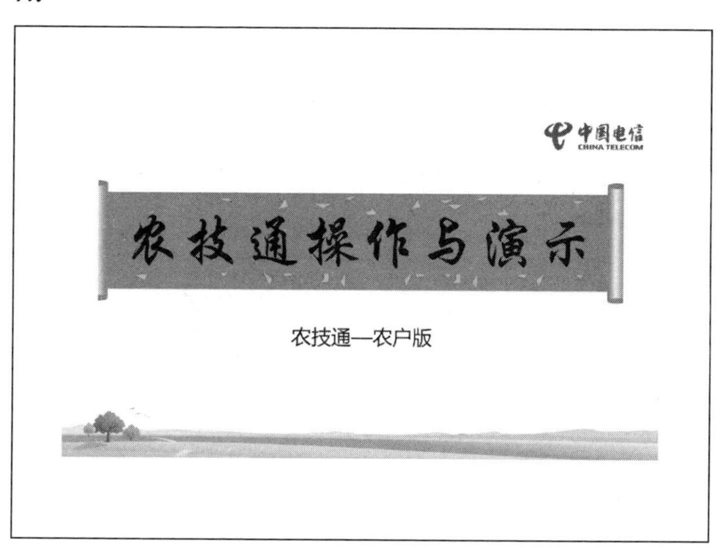
中国电信
CHINA TELECOM
农技通操作与演示
农技通—农户版

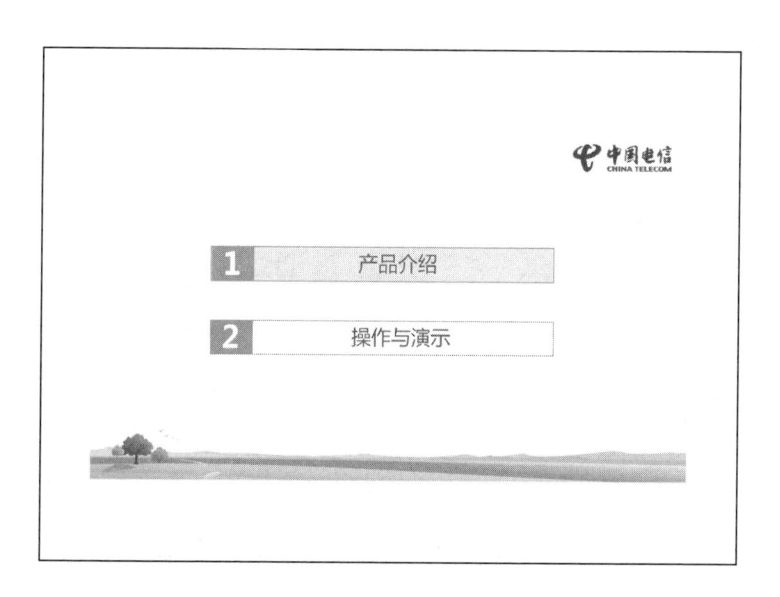
中国电信
CHINA TELECOM
1 产品介绍
2 操作与演示

电信与农业部合作，共同推进农业农村信息化建设

中国电信 CHINA TELECOM

中华人民共和国农业技术推广法

- 国家扶持农业技术推广事业，加快农业技术的普及应用，发展高产、优质、高效、生态、安全农业
- 国家鼓励运用现代信息技术等先进传播手段，普及农业科学技术知识，创新农业技术推广方式方法，提高推广效率

- 2012年3月，农业部与中国电信签署《共同推进农业农村信息化战略合作框架协议》
- 2014年7月，中国农业科学院与中国电信成立国家农业科技服务云平台联合实验室

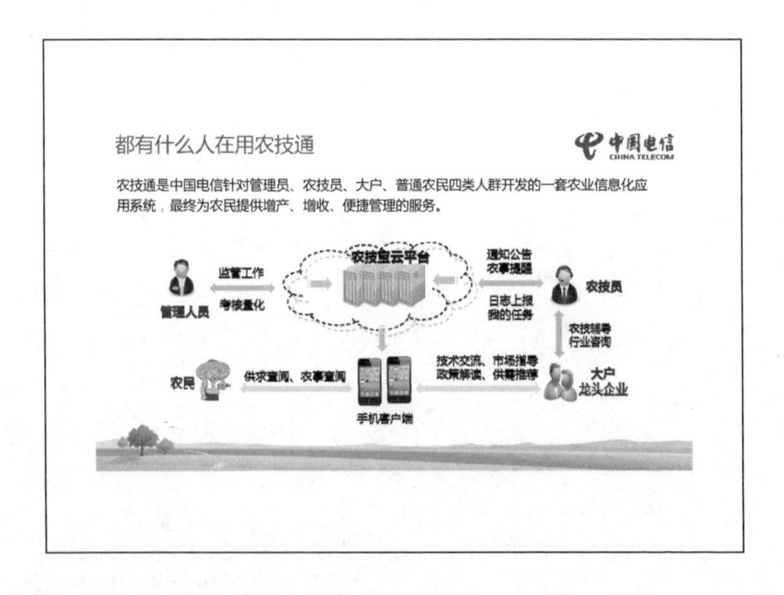

增产：农技专家在身边
中国电信
CHINA TELECOM
增产
与农技员交流更便捷、更高效
看黑板
看短信
打电话
技术咨询
技术解答
新品种/技术
示范户
农技员

增收：销路不用愁
中国电信
CHINA TELECOM
增收
卖给更多的人，卖到更多的地方，卖得更好的价钱
销往固定的批发市场
销往本地中间商
卖家
通过农产品买卖
发布供应信息直
接找到买家
买家

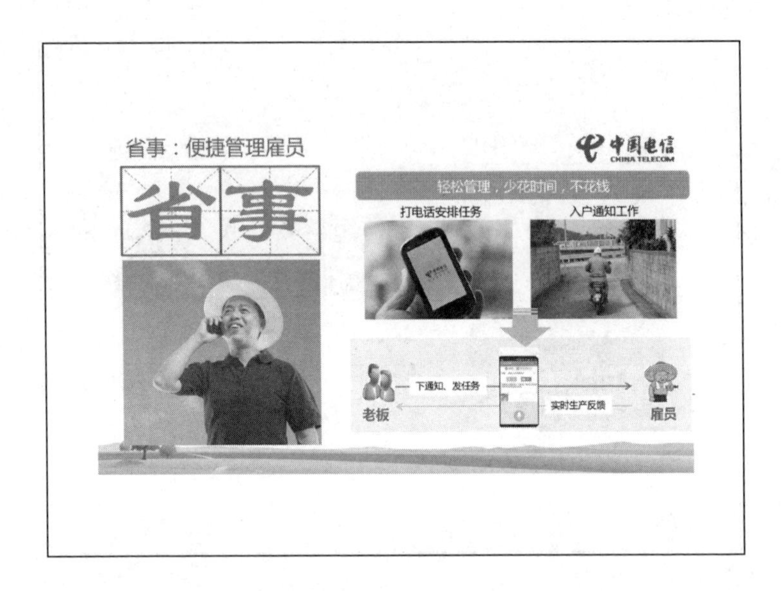
省事：便捷管理雇员
中国电信
CHINA TELECOM
省事
轻松管理，少花时间，不花钱
打电话安排任务
入户通知工作
下通知、发任务
老板
实时生产反馈
雇员

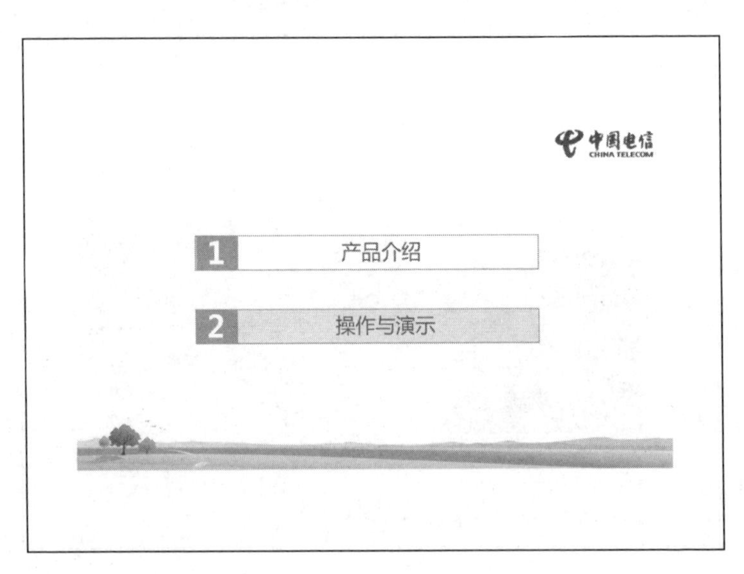
中国电信
CHINA TELECOM
1 产品介绍
2 操作与演示

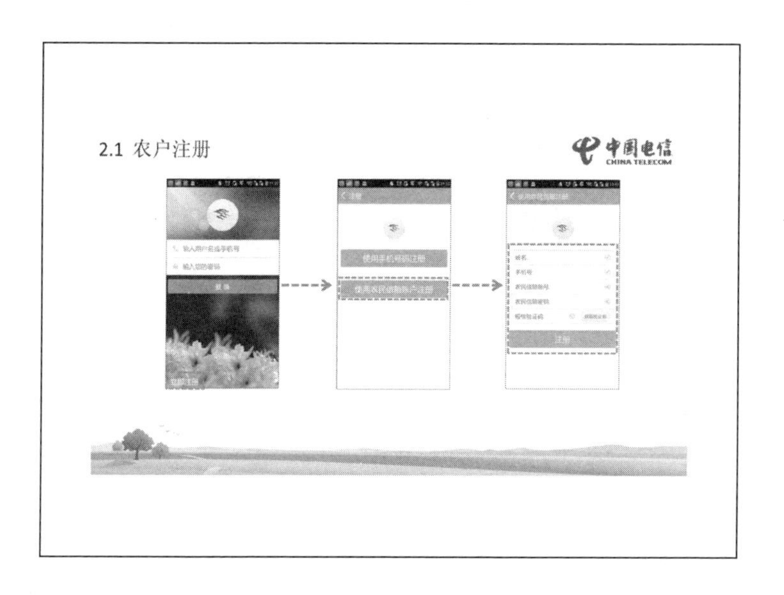
2.1 农户注册
中国电信
CHINA TELECOM

2.2 农技问答—农户提问
中国电信
CHINA TELECOM
注：农户点击“我要提问”后弹出，弹出“选择产业”和“选择品种”，点击“直接提问”后进入提问详情，农户还可指定某位专家并采可取短息提醒。

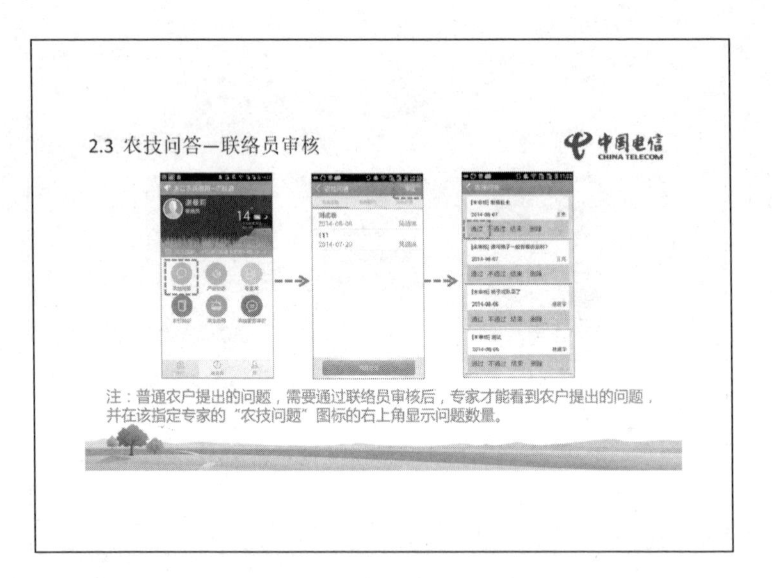
2.3 农技问答—联络员审核
中国电信
CHINA TELECOM
注：普通农户提出的问题，需要通过联络员审核后，专家才能看到农户提出的问题，并在该指定专家的“农技问题”图标的右上角显示问题数量。

2.4 农技问答—专家答复
中国电信
CHINA TELECOM
注：专家回复也可以通过添加图片进行回复！

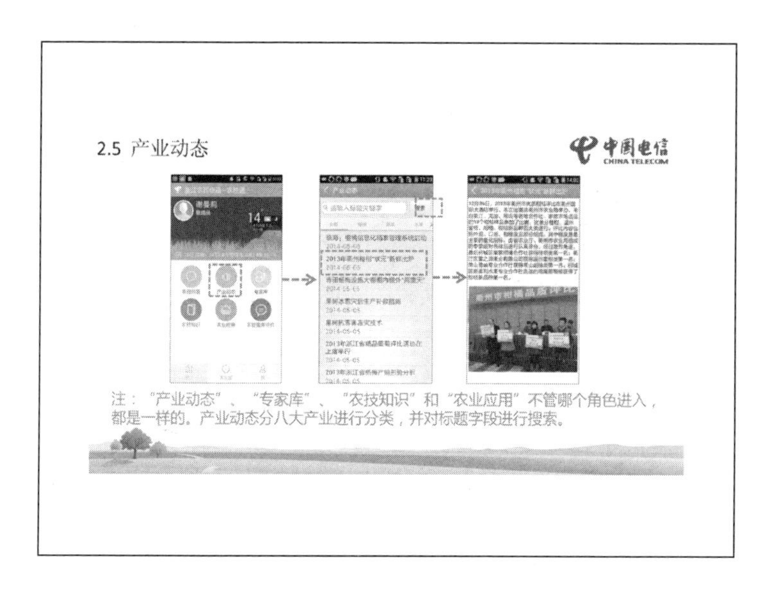
2.5 产业动态
中国电信
CHINA TELECOM
注："产业动态"、"专家库"、"农技知识"和"农业应用"不管哪个角色进入，都是一样的。产业动态分八大产业进行分类，并对标题字段进行搜索。

2.6 专家库
中国电信
CHINA TELECOM
注：在选择产业团队下面的专家时，可直接对该专家进行提问，提问环节与上述一样，只是在选择专家时，已直接选中该专家。

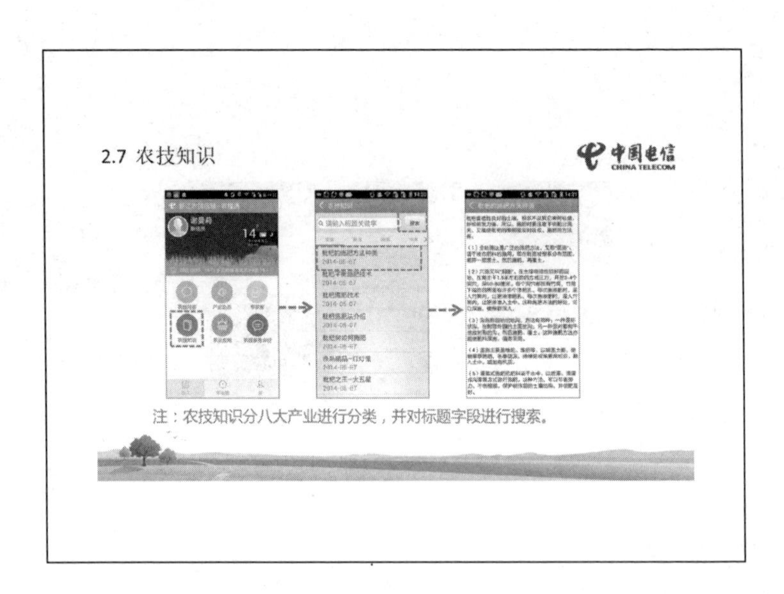
2.7 农技知识
中国电信
CHINA TELECOM
注：农技知识分八大产业进行分类，并对标题字段进行搜索。

2.8 农业应用
中国电信
CHINA TELECOM
浙江省农业产业技术创
注：农业应用类似于农业厅其他相关应用的一个入口，目前只接入“产业团队”、“农民信箱”、“浙江省农业厅信息网”三个网站，为后期该类APP应用做铺垫。

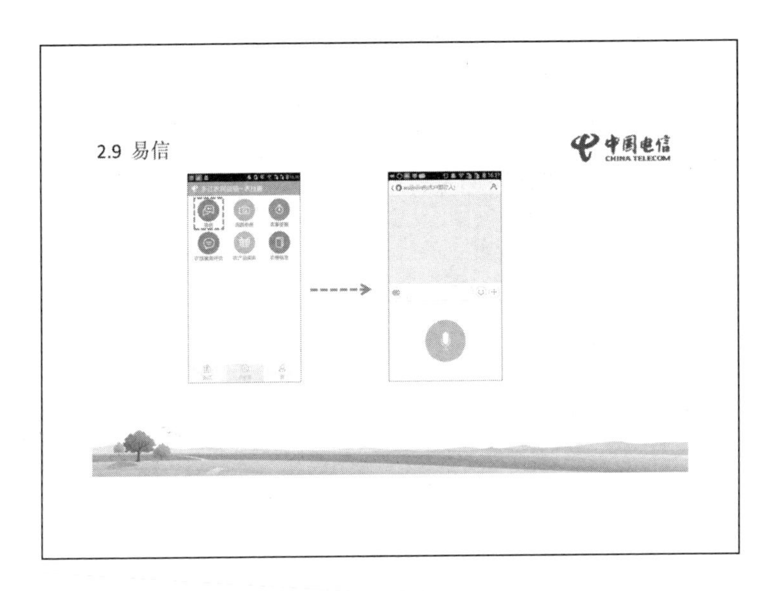
2.9 易信
中国电信
CHINA TELECOM

2.10 田园相册
中国电信
CHINA TELECOM
注：田园相册类似微信的朋友圈，农业照片的展示与分享，其他用户可以点赞与评论。

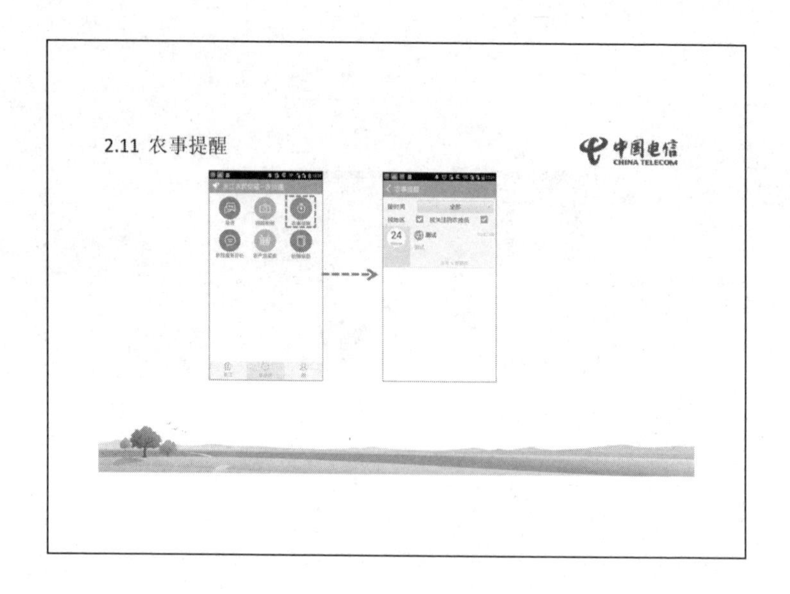
2.11 农事提醒
中国电信
CHINA TELECOM

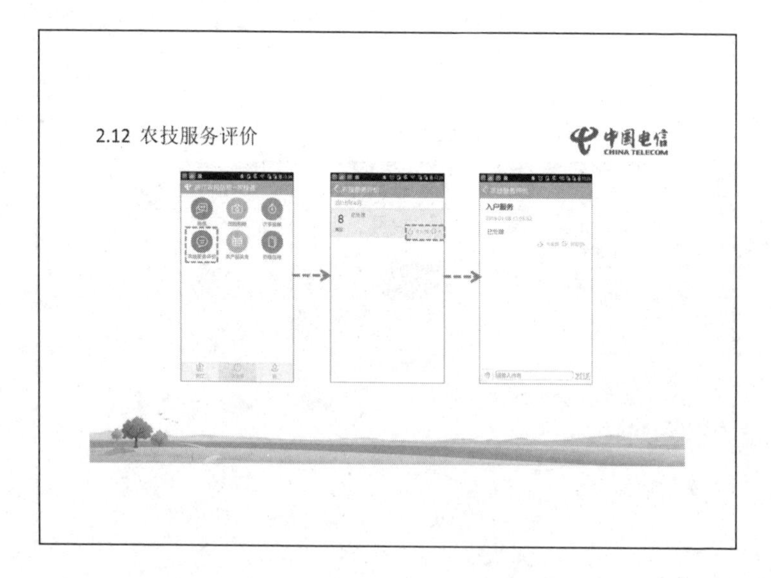
2.12 农技服务评价
中国电信
CHINA TELECOM

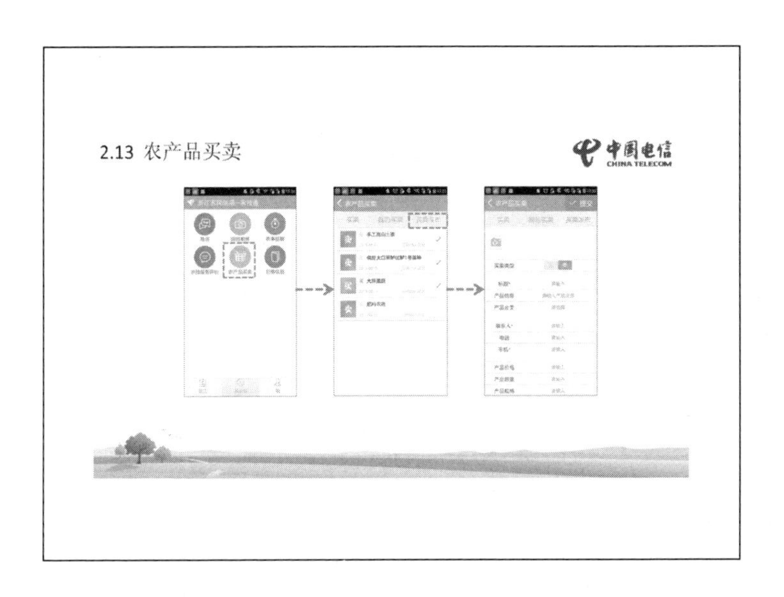
2.13 农产品买卖
中国电信
CHINA TELECOM

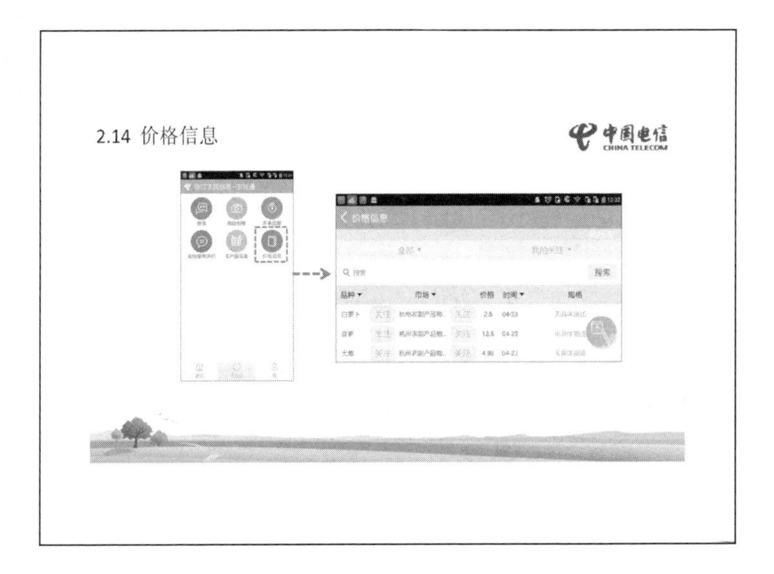
2.14 价格信息
中国电信
CHINA TELECOM

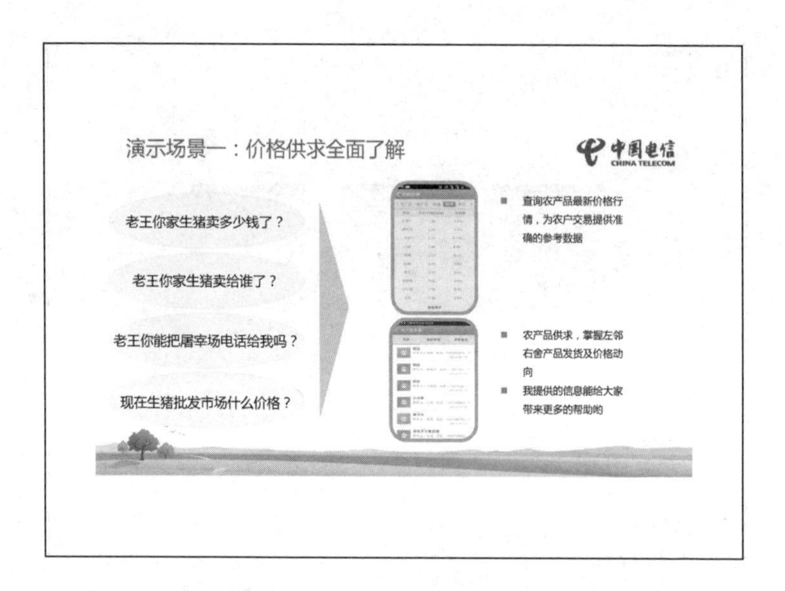
演示场景一：价格供求全面了解
中国电信
CHINA TELECOM
老王你家生猪卖多少钱了？
老王你家生猪卖给谁了？
老王你能把屠宰场电话给我吗？
现在生猪批发市场什么价格？
查询农产品最新价格行情，为农户交易提供准确的参考数据
农产品供求，掌握左邻右舍产品发货及价格动向
我提供的信息能给大家带来更多的帮助哟

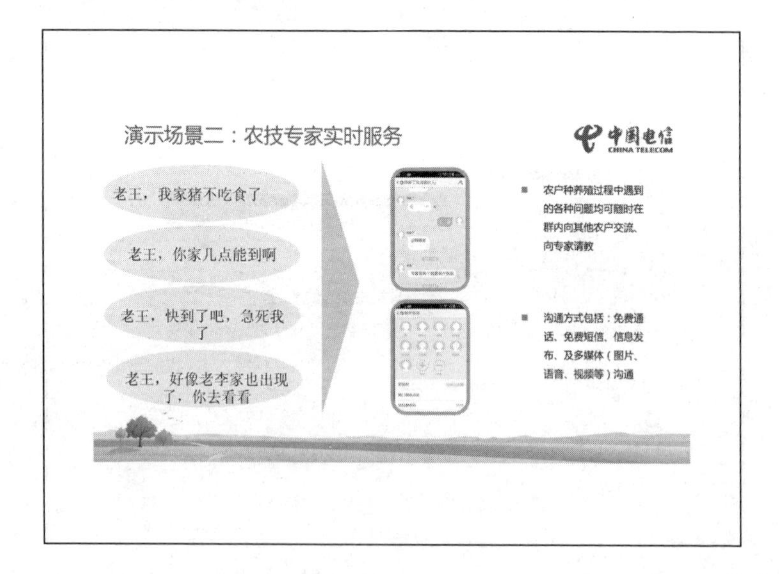
演示场景二：农技专家实时服务
中国电信
CHINA TELECOM
老王，我家猪不吃食了
老王，你家几点能到啊
老王，快到了吧，急死我了
老王，好像老李家也出现了，你去看看
农户种养殖过程中遇到的各种问题均可随时在群内向其他农户交流、向专家请教
沟通方式包括：免费通话、免费短信、信息发布、及多媒体（图片、语音、视频等）沟通

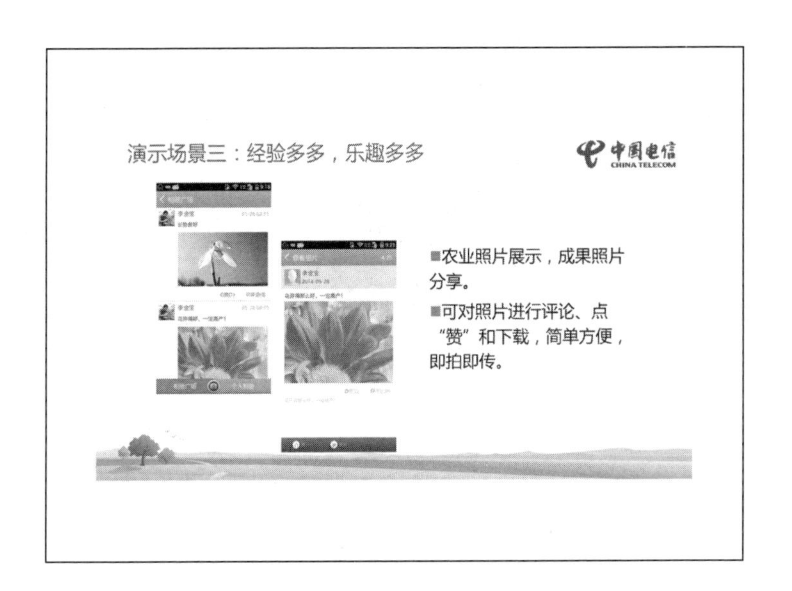
演示场景三：经验多多，乐趣多多
中国电信
CHINA TELECOM
■农业照片展示，成果照片分享。
■可对照片进行评论、点"赞"和下载，简单方便，即拍即传。

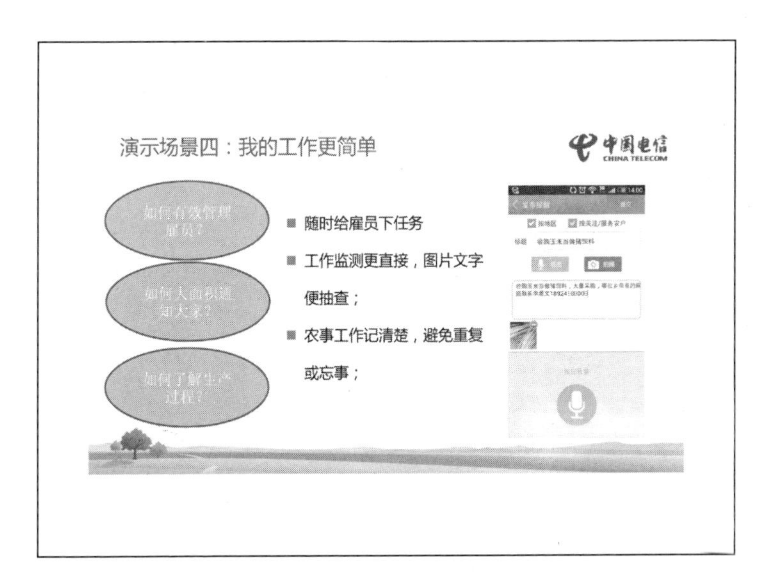
演示场景四：我的工作更简单
中国电信
CHINA TELECOM
如何有效管理雇员?
如何大面积通知大家?
如何了解生产过程?
■ 随时给雇员下任务
■ 工作监测更直接，图片文字便抽查；
■ 农事工作记清楚，避免重复或忘事；

农技通二维码扫描下载：
中国电信
CHINA TELECOM
扫一扫，农机专家随身边！
温馨提示：请使用百度、UC、QQ等主流浏览器扫描二维码，根据提示下载安装。（目前只支持安卓系统手机，暂不支持微信二维码扫描）

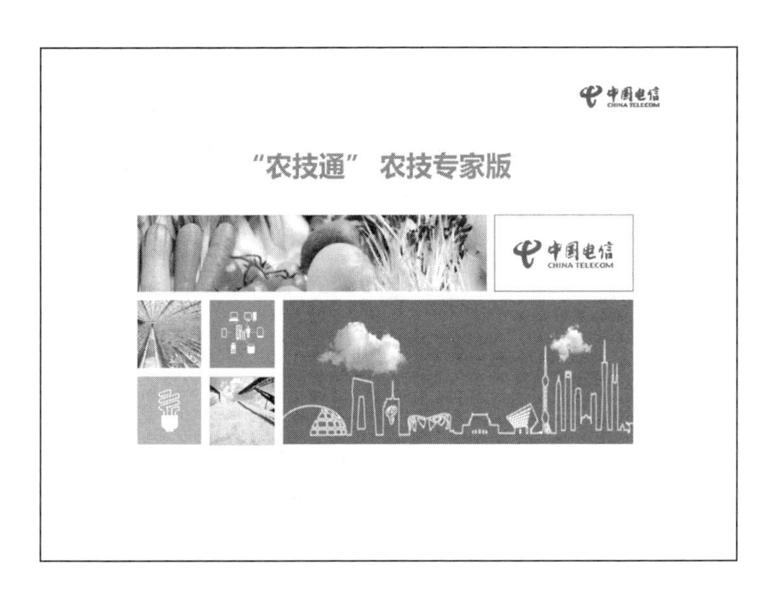
中国电信
CHINA TELECOM
"农技通" 农技专家版
中国电信
CHINA TELECOM

目录
中国电信
CHINA TELECOM
一、智能机介绍
二、认识农技通
三、农技宝能做什么
四、操作演示

中国电信
CHINA TELECOM
一、 智能机介绍

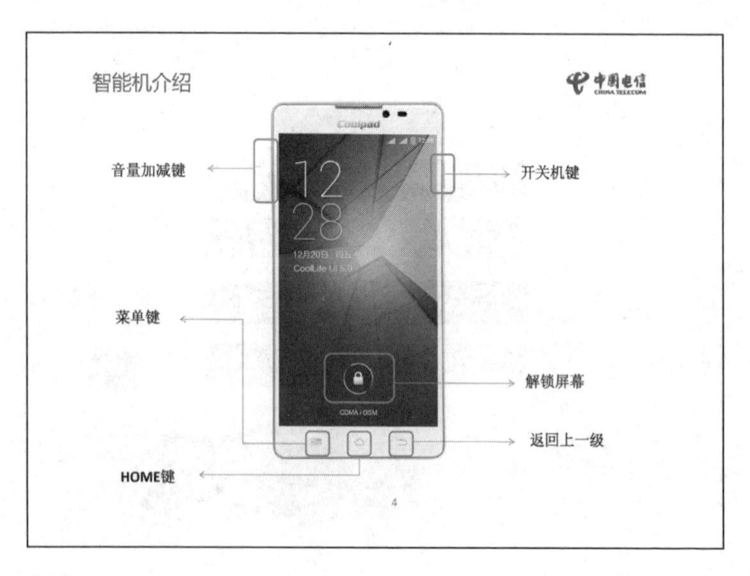
智能机介绍
中国电信
CHINA TELECOM
Coolpad
音量加减键
开关机键
12
28
菜单键
解锁屏幕
CDMA / GSM
返回上一级
HOME键
4

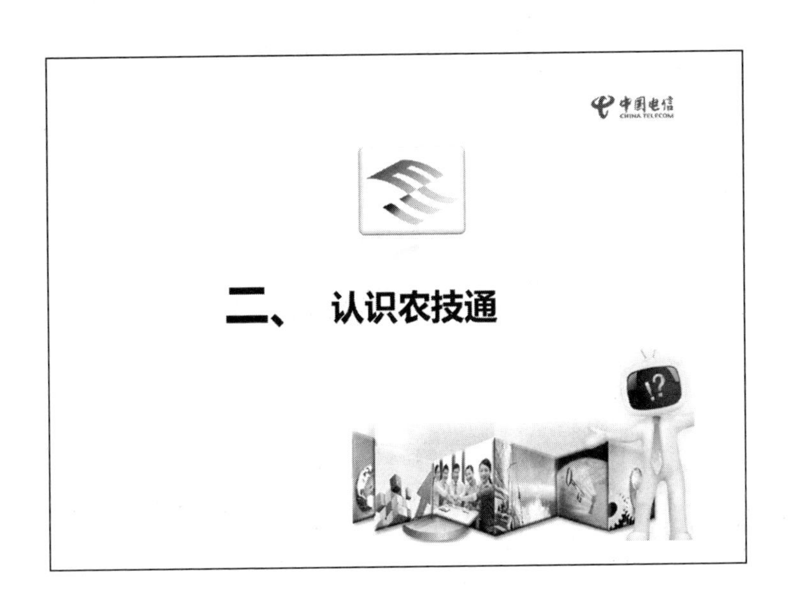
中国电信
CHINA TELECOM
二、　认识农技通

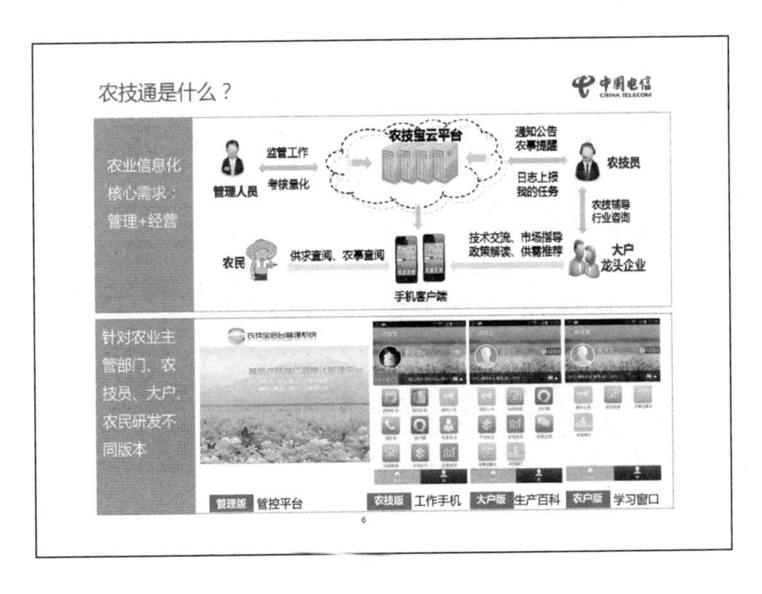
农技通是什么？
中国电信
CHINA TELECOM
农业信息化核心需求：管理+经营
农技宝云平台
监管工作
考核量化
管理人员
通知公告
农事提醒
日志上报
我的任务
农技员
农技辅导
行业咨询
技术交流、市场指导
政策解读、供需推荐
大户
龙头企业
农民
供求查阅、农事查阅
手机客户端
针对农业主管部门、农技员、大户、农民研发不同版本
管理版 管控平台
农技版 工作手机
大户版 生产百科
农户版 学习窗口
6

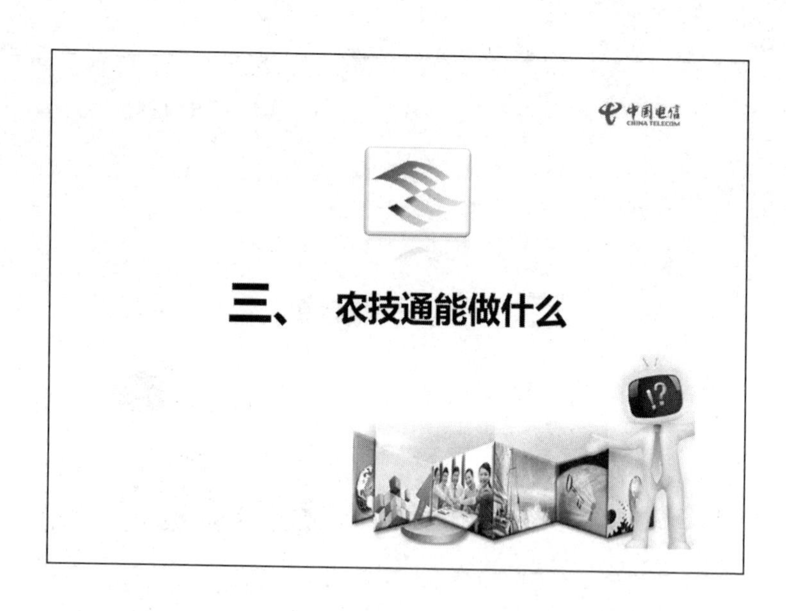
中国电信
CHINA TELECOM
三、 农技通能做什么

方便的日志上传
中国电信
CHINA TELECOM
您是否有以下几点困惑：
1、填写指导手册非常麻烦
2、工作笔记容易丢失
3、农户的重要灾情，疫情不能及时有效向领导汇报
以前
现在
拍照
语音
8

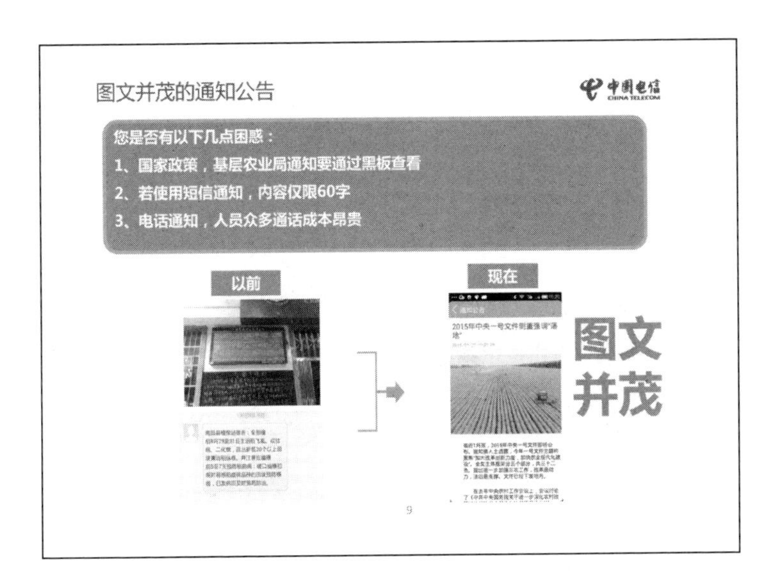
图文并茂的通知公告
中国电信
CHINA TELECOM
您是否有以下几点困惑：
1、国家政策，基层农业局通知要通过黑板查看
2、若使用短信通知，内容仅限60字
3、电话通知，人员众多通话成本昂贵
以前
现在
2015年中央一号文件明确强调"落地"
图文
并茂
9

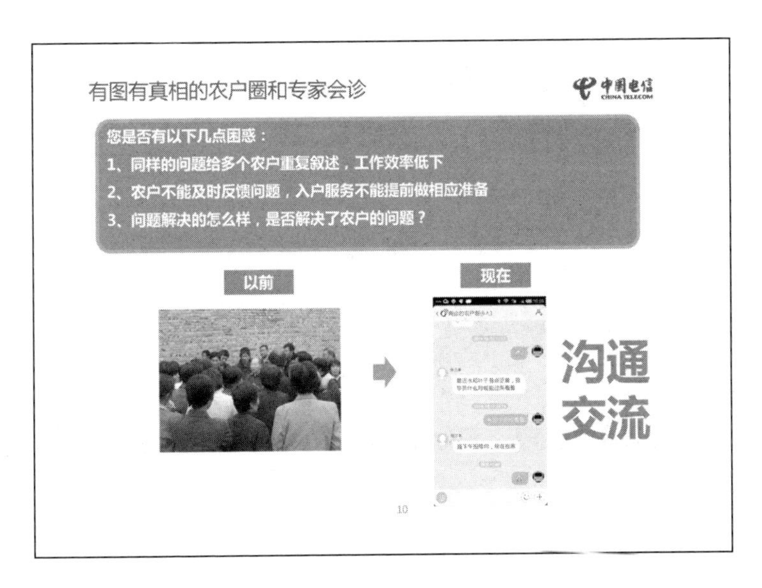
有图有真相的农户圈和专家会诊
中国电信
CHINA TELECOM
您是否有以下几点困惑：
1、同样的问题给多个农户重复叙述，工作效率低下
2、农户不能及时反馈问题，入户服务不能提前做相应准备
3、问题解决的怎么样，是否解决了农户的问题？
以前
现在
沟通
交流
10

方便学习的农技知识
中国电信
CHINA TELECOM
您是否有以下几点困惑：
1、下乡为农户服务，发现了自己不会解决的问题，想查阅相关知识
2、日积月累，家里的书已经放不下了
3、以前看过一些非常有用的文章，忘了是哪本书里面的了
以前
现在
学习
浏览
11

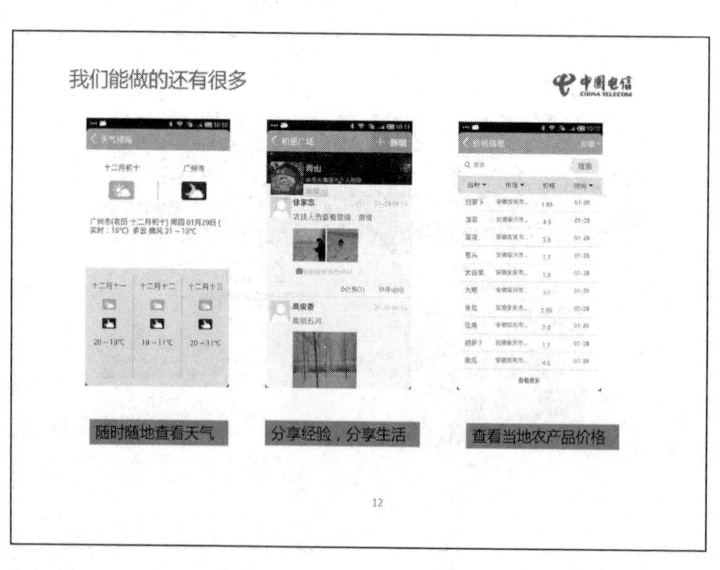
我们能做的还有很多
中国电信
CHINA TELECOM
随时随地查看天气
分享经验，分享生活
查看当地农产品价格
12

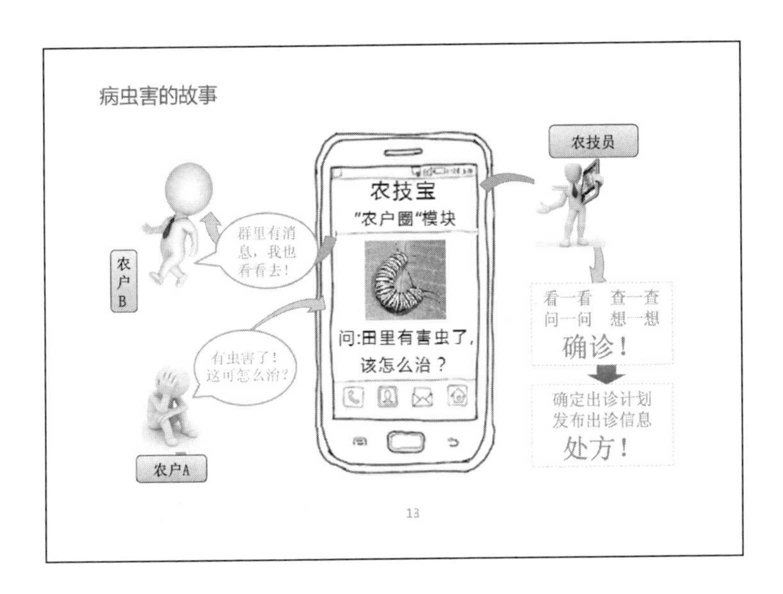
病虫害的故事
农技员
农技宝
"农户圈"模块
群里有消息，我也看看去！
农户B
问:田里有害虫了，该怎么治？
有虫害了！这可怎么治？
农户A
看一看　查一查
问一问　想一想
确诊！
确定出诊计划
发布出诊信息
处方！
13

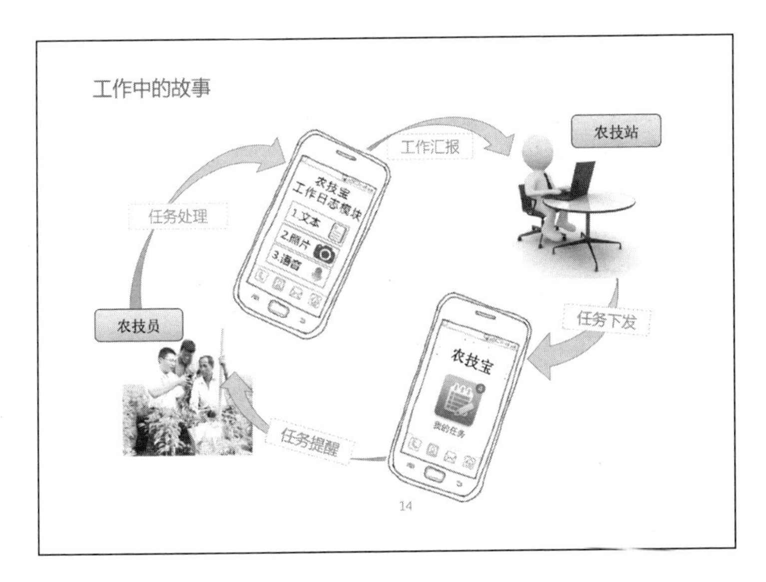
工作中的故事
工作汇报
农技站
农技宝
工作日志模块
1.文本
2.照片
3.语音
任务处理
任务下发
农技员
农技宝
我的任务
任务提醒
14

中国电信
CHINA TELECOM
四、操作与演示

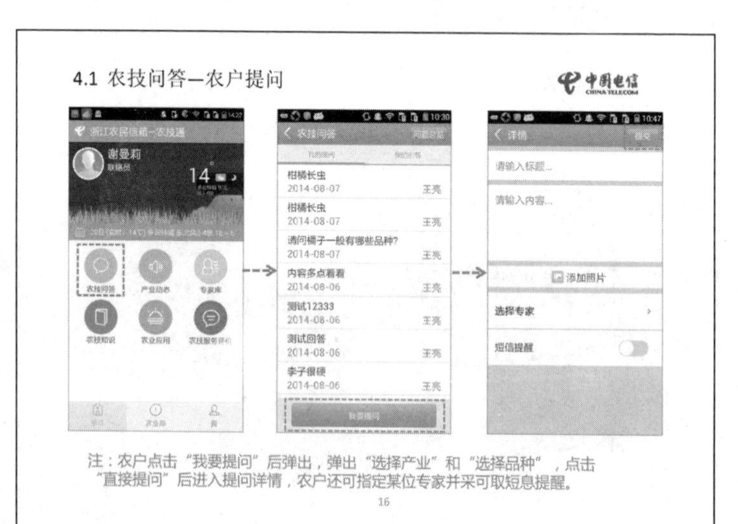
4.1 农技问答—农户提问
中国电信
CHINA TELECOM
农技问答
柑橘长虫
2014-08-07
王亮
柑橘长虫
2014-08-07
王亮
请问橘子一般有哪些品种?
2014-08-07
王亮
内容多点看看
2014-08-06
王亮
测试12333
2014-08-06
王亮
测试回答
2014-08-06
王亮
李子很硬
2014-08-06
王亮
详情
请输入标题...
请输入内容...
添加照片
选择专家
短信提醒
注：农户点击“我要提问”后弹出，弹出“选择产业”和“选择品种”，点击“直接提问”后进入提问详情，农户还可指定某位专家并采可取短息提醒。
16

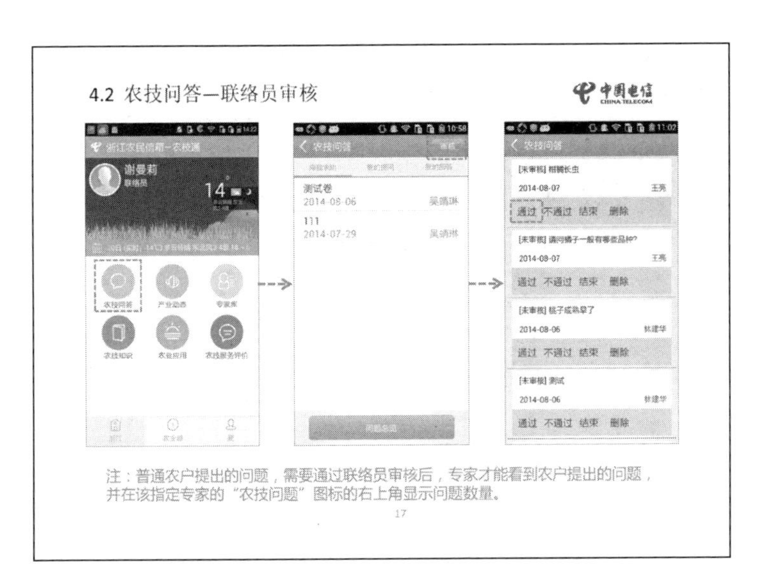
4.2 农技问答—联络员审核
中国电信
CHINA TELECOM
谢曼莉
14
农技问答
产业动态
专家库
农技知识
农业应用
农技服务评价
农技问答
测试卷
2014-08-06
111
2014-07-29
[未审核] 柑橘长虫
2014-08-07
王亮
通过 不通过 结束 删除
[未审核] 桃子成熟早了
2014-08-06
林建华
[未审核] 测试
注：普通农户提出的问题，需要通过联络员审核后，专家才能看到农户提出的问题，并在该指定专家的"农技问题"图标的右上角显示问题数量。
17

4.3 农技问答—专家答复
中国电信
CHINA TELECOM
谢曼莉
14
农技问答
产业动态
专家库
农技知识
农业应用
农技服务评价
农技问答
柑橘长虫
2014-08-07
王亮
内容多点看看
2014-08-06
王亮
李子很硬
2014-08-06
王亮
查合
2014-08-05
谢曼莉
你好
2014-07-25
王亮
杨梅大批量上市，价格很低
2014-07-24
王亮
详情
柑橘长虫
注：专家回复也可以通过添加图片进行回复！
18

4.4 产业动态
中国电信
CHINA TELECOM
浙江农民信箱—农技通
谢曼莉
联络员
14
农技问答
产业动态
专家库
农技知识
农业应用
农技服务评价
产业动态
请输入标题关键字
搜索
临海：柑橘信息化精准管理系统启动
2014-05-05
2013年衢州椪柑“状元”新鲜出炉
2014-05-05
青田杨梅设施大棚棚内棚外“两重天”
2014-05-05
果树冰雹灾后生产补救措施
2014-05-05
果树抗雪害冻灾技术
2014-05-05
2013年浙江省精品葡萄评比活动在上虞举行
2014-05-05
2013年浙江省杨梅产销形势分析
2013年衢州椪柑“状元”新鲜出炉
衢州市柑橘品质评比
注：“产业动态”、“专家库”、“农技知识”和“农业应用”不管哪个角色进入，都是一样的。产业动态分八大产业进行分类，并对标题字段进行搜索。
19

4.5 专家库
中国电信
CHINA TELECOM
浙江农民信箱—农技通
谢曼莉
联络员
14
农技问答
产业动态
专家库
农技知识
农业应用
农技服务评价
专家库
名片
(院长)
我要提问
所在地区：浙江省省级机关浙江农林大学林业与生物技术学院
从事行业：果树
注：在选择产业团队下面的专家时，可直接对该专家进行提问，提问环节与上述一样，只是在选择专家时，已直接选中该专家。
20

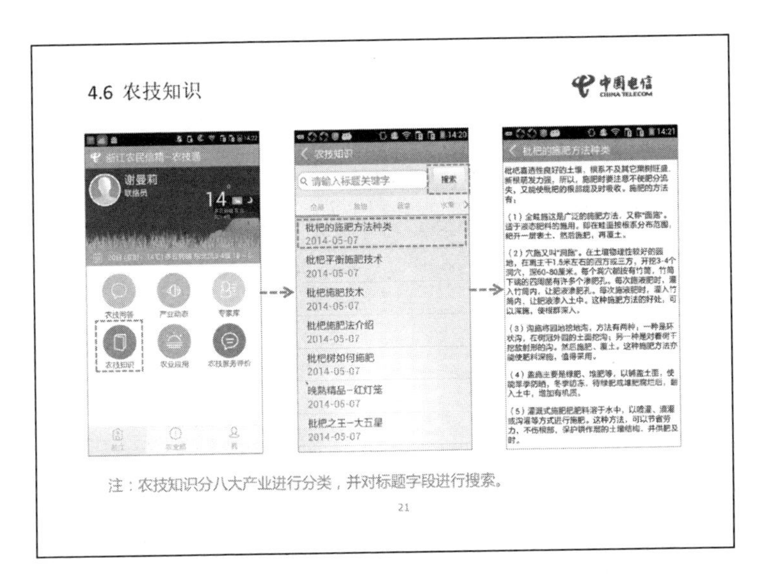
4.6 农技知识
中国电信
CHINA TELECOM
浙江农民信箱-农技通
谢曼莉
联络员
14
农技问答
产业动态
专家库
农技知识
农业应用
农技服务评价
农技知识
请输入标题关键字
搜索
枇杷的施肥方法种类
2014-05-07
枇杷平衡施肥技术
2014-05-07
枇杷施肥技术
2014-05-07
枇杷施肥法介绍
2014-05-07
枇杷树如何施肥
2014-05-07
晚熟精品-红灯笼
2014-05-07
枇杷之王-大五星
2014-05-07
枇杷的施肥方法种类
注：农技知识分八大产业进行分类，并对标题字段进行搜索。
21

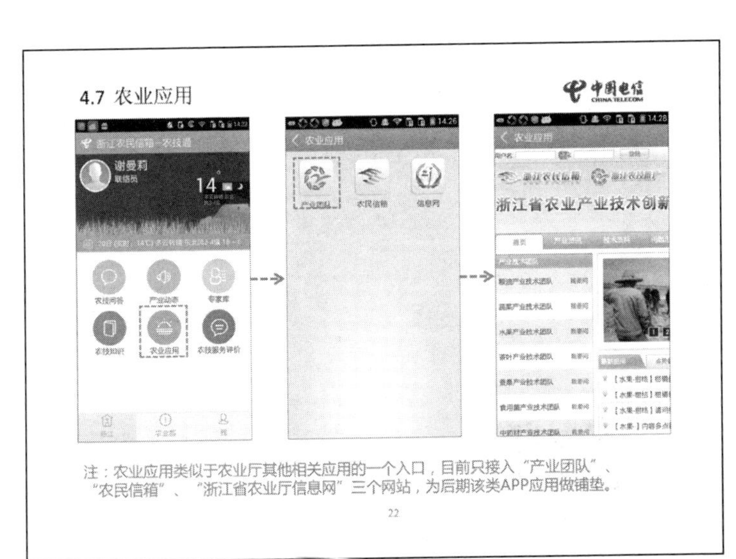
4.7 农业应用
中国电信
CHINA TELECOM
浙江农民信箱-农技通
谢曼莉
联络员
14
农技问答
产业动态
专家库
农技知识
农业应用
农技服务评价
农业应用
产业团队
农民信箱
信息网
农业应用
浙江省农业产业技术创新
注：农业应用类似于农业厅其他相关应用的一个入口，目前只接入“产业团队”、“农民信箱”、“浙江省农业厅信息网”三个网站，为后期该类APP应用做铺垫。
22

4.8 我的任务—后台发布

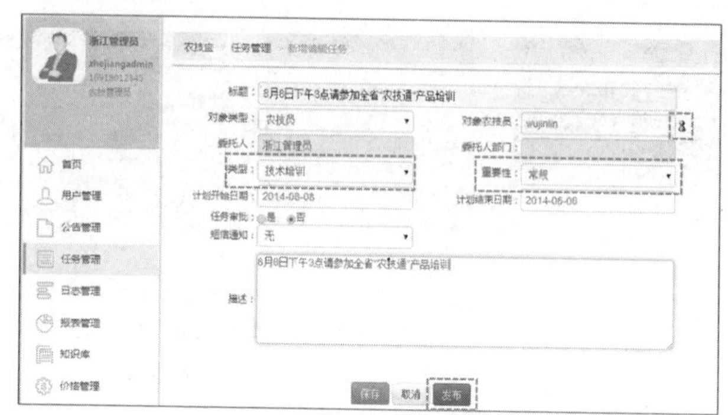

注：对象农技员可多选、全选或者只针对某一个农技员进行发布任务。
其中类型包括：入户服务、灾情上报、病虫害上报、苗情上报、技术培训。
重要性分为：常规和紧急。若紧急在客户端标注“紧急”。

4.9 我的任务—客户端展示

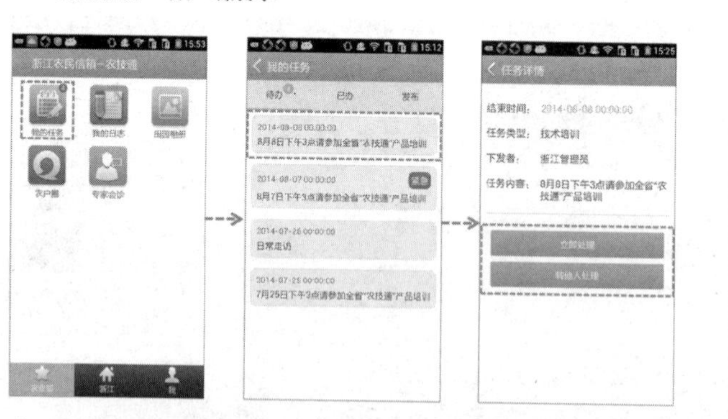

注：后台发布任务后，专家在“我的任务”图标的右上角显示该专家的待办任务数。
收到任务后可“立即处理”或者“转他人处理”。

4.10 我的日志—客户端展示

注：专家在写日志时候可以选择所服务的农户，其中等级可分为：常规和紧急。
场景分：入户服务、灾情上报、病虫害上报、苗情上报、技术培训。
输入日志内容有：拍照、语音和文本。

4.11 我的日志—后台管理

注：后台日志管理统计专家日志上传的统计。其中日志上报时，隐性的对专家或者农技员进行定位及上报，为后期农业部农业应急指挥系统做铺垫。

4.12 报表管理—报表列表

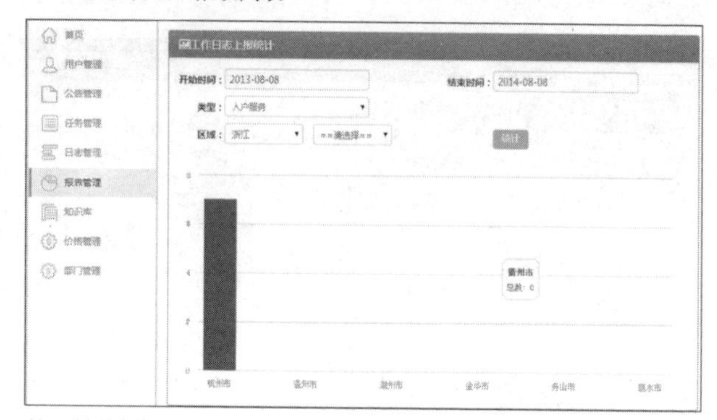

注：后台报表管理根据各级进行数据统计

4.13 报表管理—农技员分布图

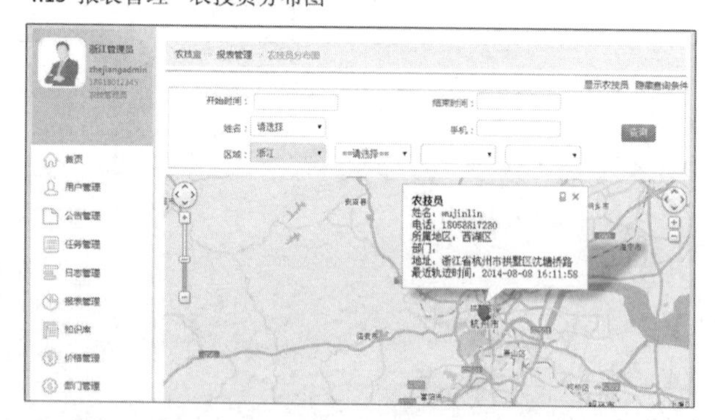

注：农技员或者专家根据日志上报时进行定位，为后期农业部的农业应急指挥系统做铺垫。

4.14 田园相册

注：田园相册类似微信的朋友圈，农业照片的展示与分享，其他用户可以点赞与评论。

4.15 农户圈

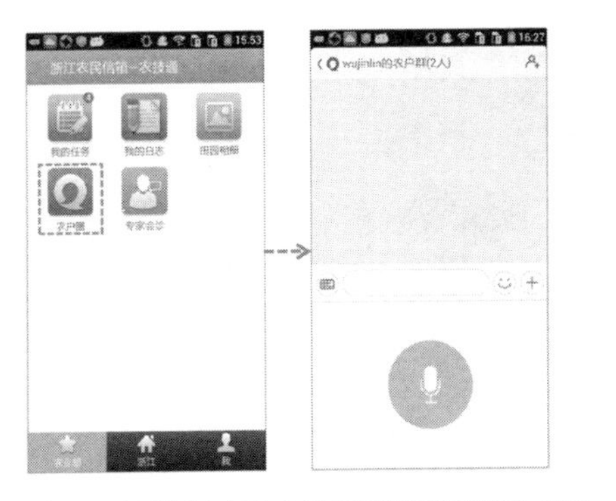

注：农户圈是指农技员或者专家与他所服务的农户可进行交流、咨询。

4.16 专家会诊

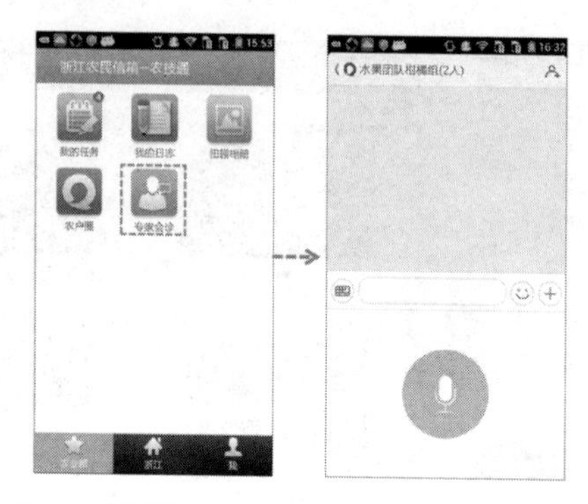

注：专家会诊指该团队专家可以对相关技术问题讨论与交流。

账号及下载

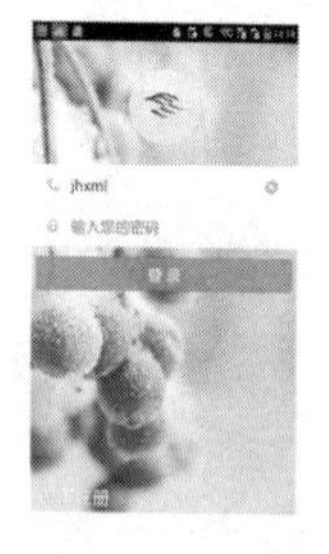

用户名：农民信箱的帐号
密　码：农民信箱的密码

农技通二维码扫描下载：

温馨提示：请使用百度、UC、QQ等主流浏览器扫描二维码，根据提示下载安装。（目前只支持安卓系统手机，暂不支持微信二维码扫描）

32